JN027645

朝倉
復刊セレクション

◆新数学講座◆

非線型数学

増田久弥
[著]

朝倉書店

本書は，新数学講座 第15巻『非線型数学』(1985年刊行)
を再刊行したものです．

まえがき

自然現象の解析が数学の最も大切な役割のひとつと私は考える．“幾何学的”現象，物理的現象などの自然現象の大部分は非線型的といっても過言ではなかろう．したがって，非線型問題の重要性は，少なくとも私にとって，言を俟たない．本書はこの問題のいくつかの基礎的側面を解説したものである．昭和57年度夏学期，58年度夏学期の2学期にわたって東北大学理学部数学教室において学部4年生と大学院生のために行った共通講義のノートを幾分補充してでき上った．ただ，非線型問題といっても，本書では「自然現象」を直接には扱わなかった．予備的準備に相当頁数(＝講義時間)がとられるからである．また主として例を常微分方程式からとったのもこのためである．

予備知識としては，通常3年冬学期(または4年夏学期)までに数学科で習う程度の関数解析と偏微分方程式の基礎的事柄を仮定した．

本書は，第1章と(独立に読める)補題11.4を除いて，基本的には各章独立となっているから，興味ある章から読み始めてさしつかえない．また*印をつけた節，例などは初読の際には，とばしてもさしつかえない．

この方面の書物として，わが国は南雲道夫氏の名著「写像度と存在定理」，山口昌哉氏の名著「非線型現象の数学」をもっている．はなはだ遺憾ながら，これらは今日入手し難い．本書が(ある期間の)空白を埋める一助となれば，と願って，本書を執筆した．

執筆をお勧め下さった木村俊房先生に，また校正刷を閲読していろいろ有益な注意をして下さった東北大学理学部の水町龍一氏，同院生大島成吾氏に，本書のできるまで絶え間なく御支援を下され，たびたびの遅延で御迷惑をおかけいたした朝倉書店編集部の方々に，そして最後に(私事で恐縮ながらこの機会を借りて)私の母に，心からの感謝の意を表したい．

1984年12月

増田久弥

〔新装版にあたって〕
本書は1984年の初版刊行以来，幸いにも多くの読者を得て版を重ねた．惜しくも著者は2018年に逝去したため，このたびの新装版を製作するに際しては，著者の薫陶を受けた山田義雄氏（早稲田大学名誉教授）が遺族の了解の下，全面的な見直しを行い，著者も生前気にかけていた明らかな誤植や内容の誤りをできるだけ訂正した．

目　　　　次

第 1 章

基 礎 概 念

本章では，有限次元空間の中の写像の微分にならってバナッハ空間の中の写像の微分を考察する．

§1. 連続写像

本書では X, Y でバナッハ(Banach)空間を表す．特に断らないかぎり，X, Y のノルムを(同じ記号)$\| \ \|$で表す．X のノルムであることを特に強調したいときは，$\| \ \|_X$ と下に X を添える．X の部分集合 Ω 上で定義され，値を Y にもつ写像(作用素)f が次の性質をもつとき**連続**であるという：$x_n, x \in \Omega$ であって，もし $x_n \to x$(X の中で)ならば，必ず $f(x_n) \to f(x)$ (Y の中で)．f を X の部分集合 Ω から Y への連続写像とする．Ω の任意の有界集合 B を f が Y のプレ・コンパクトに写す，すなわち $f(B)$ の閉包が Y の中でコンパクト集合であるとき，f を**コンパクト写像**という(加藤 [27]，p. 53)．

例 1.1. $k(x, u)$ を $[0, 1] \times R^1$ 上の連続関数．$X = Y = C([0, 1])$ ($[0, 1]$上の連続関数の全体)．写像 f: $X \to X$ を，

$$f(u)(x) = \int_0^x k(y, u(y))\,dy$$

と定めると，f は連続写像である(証明は明らか)．

例 1.2. 上の例 1.1 で定義した f は X の中のコンパクト写像である．実際，$\{u_n\}$ を X の勝手な有界列とすれば，$\{f(u_n)\}$，$\{df(u_n)(x)/dx\} = \{k(x, u_n(x))\}$ は，X の中の有界列となる．アスコリ・アルゼラ(Ascoli–Arzelà)の定理

(加藤 [27], 定理 11.13) より, [0,1] 上一様収束する部分列を $\{f(u_n)\}$ からとりだせる. 故に, 任意の (X の中の) 有界集合の f による像は, プレ・コンパクト. f の連続性は, 例 1.1 でわかっているから, f は, コンパクト写像である.

同じような例をもうひとつあげよう.

例 1.3. $k(x, y, z)$ を $[0,1]\times[0,1]\times R^1$ 上で定義された実数値連続関数とする. この k に対して, 作用素 f を

$$f(\varphi)(x)=\int_0^1 k(x, y, \varphi(y))\,dy$$

と定めると, この f は $C[0,1]$ から $C[0,1]$ へのコンパクト作用素である.

解 $\varphi\in C[0,1]$ に対し, $k(x, y, \varphi(y))$ は $[0,1]\times[0,1]$ 上連続であるから, $f(\varphi)(x)$ は $[0,1]$ 上連続である. $\{\varphi_n\}$ を $C[0,1]$ の有界列とする: $\|\varphi_n\|_C\leqq M$ $(n=1,2,\cdots)$. $k(x, y, z)$ は有界閉集合 $[0,1]\times[0,1]\times[-M, M]$ 上連続であるから, 一様連続である:

$$\max_{x,y,z}|k(x, y, z)|=M_1;$$
$$\omega(\delta)=\max_{x,x',y,z}|k(x, y, z)-k(x', y, z)|$$
$$(|x-x'|\leqq\delta,\ \ 0\leqq x, x', y\leqq 1,\ \ |z|\leqq M)$$

(本書では定数を M で表す) とおくと, $\delta\to 0$ のとき, $\omega(\delta)\to 0$.

故に,

$$|f(\varphi_n)(x)|\leqq M_1 \qquad (0\leqq x\leqq 1;\ n=1,2,\cdots);$$
$$|f(\varphi_n)(x)-f(\varphi_n)(x')|\leqq\omega(\delta) \qquad (|x-x'|\leqq\delta;\ n=1,2,\cdots)$$

であるから, $\{f(\varphi_n)(x)\}$ は $[0,1]$ 上一様有界かつ同程度連続. アスコリ・アルゼラの定理より, $\{f(\varphi_n)(x)\}$ から, 一様収束する部分列がとりだせる. また, $\{\varphi_n\}$ が $[0,1]$ 上一様に φ に収束すれば, $k(x, y, \varphi_n(y))$ は $k(x, y, \varphi(y))$ に $[0,1]\times[0,1]$ 上一様収束するから, $f(\varphi_n)(x)$ は $f(\varphi)(x)$ に一様収束する. すなわち, f は $C[0,1]$ から $C[0,1]$ への連続作用素である. 以上より, f はコンパクト作用素である.

§2. 汎 関 数

Y が実数 $\boldsymbol{R}$ (または複素数 $\boldsymbol{C}$) のとき, すなわち, Ω 上で定義され $\boldsymbol{R}$ (または

C)に値をもつ写像 f を Ω 上の**汎関数**という(加藤 [27], p. 112 参照).

定義 2.1. $x_n, x\in\Omega$ であって, $x_n \underset{\text{強}}{\to} x\ (x_n \underset{\text{弱}}{\to} x)$ ならば,

$$f(x) \leqq \varliminf_{n\to\infty} f(x_n)$$

が必ず成立するとき, f は Ω 上**下に半連続**(下に弱半連続)という.

例 2.2. $\Omega=X=\boldsymbol{R}$, $Y=\boldsymbol{R}$ とし, f を $f(x)=1\,(x\neq 0)$; $=0\,(x=0)$ とすれば, f は X 上, 下に弱半連続である.

例 2.3. D を $\boldsymbol{R}^n$ の開集合, $1<p<+\infty$ とする. $\Omega=X=L^p(D)$, $Y=\boldsymbol{R}$ とおき,

$$f(u)=\|u\|_{L^p}$$

($\|\ \ \|_p$ は $L^p(D)$ のノルム)と定めると, f は $L^p(D)$ 上の下に弱半連続な写像である. 実際, $u_n\to u$ ($L^p(D)$ の弱位相で)と仮定する. このとき

$$\int_D |u|^p dx=\int_D ug(u)\,dx=\int_D (u-u_n)\,g(u)\,dx+\int_D u_n g(u)\,dx \tag{2.1}$$

と分ける. ここで, $g(u)=|u|^{p-1}\operatorname{sgn} u$ ($\operatorname{sgn} s=1$ $(s>0)$; $=-1$ $(s<0)$). $g(u)\in L^{p'}(D)$ $(1/p'+1/p=1)$ であって,

$$\|g(u)\|_{L^{p'}} \leqq \|u\|_{L^p}^{p-1} \tag{2.2}$$

に注意する. (2.1) において, $n\to\infty$ とすると右辺第1項はゼロに収束する. 第2項は, ヘルダー(Hölder)の不等式と (2.2) より,

$$\int_D u_n g(u)\,dx \leqq \|u_n\|_{L^p}\|u\|_{L^p}^{p-1}$$

故に, (2.1) で n について下極限をとれば,

$$\int_D |u|^p dx \leqq \varliminf_{n\to\infty} \|u_n\|_{L^p}\cdot\|u\|_{L^p}^{p-1}.$$

すなわち,

$$\|u\|_{L^p} \leqq \varliminf_{n\to\infty} \|u_n\|_{L^p}.$$

定義 2.4. 任意の Ω の中の2点 x_1, x_2 と, $0<\lambda<1$ に対して,

$$\lambda x_1+(1-\lambda)\,x_2\in\Omega$$

が成立するとき, Ω は**凸集合**であるという(伊藤 [26], p. 199 参照).

定義 2.5. f を X の凸集合 Ω 上で定義された(実数値)汎関数とする. Ω の中の勝手な2点 x_1, x_2 と $0\leqq\lambda\leqq 1$ に対して,

$$f(\lambda x_1+(1-\lambda)x_2)\leqq\lambda f(x_1)+(1-\lambda)f(x_2)$$

が成立するとき，f を Ω 上の**凸汎関数**という．特に，等号が成立するのが，$\lambda=0$ または $\lambda=1$ のときにかぎるとき，f は**厳密な意味で凸**であるという．

例 2.6. 例2.3で定義した f は $L^p(D)$ 上の凸汎関数．

例 2.7. D を $\boldsymbol{R}^n$ の有界領域，$X=H_0^1(D)$[1] とし，g を $L^2(D)$ に属する与えられた関数とする．このとき，

$$f(u)=\frac{1}{2}\int_D|\nabla u|^2dx+\int_D g(x)u(x)dx$$

は，X 上の下に弱半連続な凸汎関数である．ここで，$|\nabla u|^2=\sum_{j=1}^n|\partial u/\partial x_j|^2$ である．実際，下に弱半連続であることは，例2.3にならって容易に示される．凸であること．簡単な計算より，

$$\lambda f(u_1)+(1-\lambda)f(u_2)-f(\lambda u_1+(1-\lambda)u_2)$$
$$=\frac{1}{2}\lambda(1-\lambda)\int_D|\nabla(u_1-u_2)|^2dx\geqq 0$$

となるからである．

§3. フレッシェ微分

古典解析学で大切な微分の概念を無限次元空間の場合に拡張しよう．X から Y への線型有界作用素の全体を $\mathcal{L}(X;Y)$ で表す．$\mathcal{L}(X;Y)$ に一様位相(作用素ノルム)を入れたバナッハ空間を $\mathcal{L}_u(X;Y)$ で表そう．

定義 3.1. f を X の開集合 Ω 上で定義され，値を Y にもつ写像とする．$x_0\in\Omega$ とする．このとき，

$$\lim_{x\to x_0}\|f(x)-f(x_0)-T(x-x_0)\|/\|x-x_0\|=0 \tag{3.1}$$

となる $T\in\mathcal{L}(X,Y)$ が存在するとき，f は $\boldsymbol{x=x_0}$ **でフレッシェ**(Fréchet)**微分可能**という．Ω の各点でフレッシェ微分可能のとき，f は $\boldsymbol{\Omega}$ **でフレッシェ微分可能**という．

命題 3.2. f が $x=x_0$ でフレッシェ微分可能とする．このとき，(3.1)を満たす $T\in\mathcal{L}(X;Y)$ は，ただひとつである．

証明 別の $T'\in\mathcal{L}(X;Y)$ に対しても，(3.1)が成立したとすると，$x\in\Omega$ に

1) ソボレフ(Sobolev)空間(付録をみよ)．

対して，

$$T(x-x_0)-T'(x-x_0)=T(x-x_0)-f(x)+f(x_0)$$
$$+f(x)-f(x_0)-T'(x-x_0).$$

したがって，(3.1)より，

$$\|(T-T')(x-x_0)\|/\|x-x_0\|\to 0 \qquad (\|x-x_0\|\to 0)$$

任意の $z\in X$ に対して，十分 ε を小さくとれば，$x_0+\varepsilon z\in\Omega$ とできる．$x=x_0+\varepsilon z$ とおくと，$\varepsilon\to 0$ のとき $\|x-x_0\|\to 0$．故に，$\varepsilon\to 0$ のとき，

$$\|(T-T')(x-x_0)\|/\|x-x_0\|=\|(T-T')z\|/\|z\|\to 0$$

故に，$\|(T-T')z\|=0$．z は任意であったから，$T=T'$ を得る．これは，ただひとつしかないことを示している． □

上に見た通り(3.1)が成立する T はただひとつであるから これを，$f_x(x_0)$，$D_xf(x_0)$，$f'(x_0)$ などと表し，f の $x=x_0$ における**フレッシェ微分**(**導関数**)という．以下，フレッシェ微分を単に微分という(伊藤 [26]，定義 43.3 参照)．

定義 3.3. f を Ω で微分可能とする．f の x における微分 $f'(x)$ が $\mathcal{L}(X, Y)$ の作用素ノルムで，x に関して連続なとき，f は Ω で**連続的微分可能**または C^1-級という．このような f の全体を $C^1(\Omega, Y)$ とかく．

例 3.4. $f:\boldsymbol{R}^n\to\boldsymbol{R}^m$ なる写像とする．$f(x)=(f_1(x),\cdots,f_m(x))$ と成分で表したとき，各成分 $f_j(x)$ が x について連続的偏微分可能ならば，$f(x)$ は連続的にフレッシェ微分可能であって，

$$f'(x)[h]=\begin{bmatrix} \dfrac{\partial f_1(x)}{\partial x_1},\cdots,\dfrac{\partial f_1(x)}{\partial x_n} \\ \\ \dfrac{\partial f_m(x)}{\partial x_1},\cdots,\dfrac{\partial f_m(x)}{\partial x_n}\end{bmatrix}\begin{bmatrix} h_1 \\ \vdots \\ h_n\end{bmatrix}, \qquad h=\begin{bmatrix} h_1 \\ \vdots \\ h_n\end{bmatrix}.$$

例 3.5. $k=k(x,y,z)$ を $[0,1]\times[0,1]\times R^1$ 上で連続，第3成分 z については連続的偏微分可能な実数値関数とする．作用素 f を

$$f(\varphi)(x)=\int_0^1 k(x,y,\varphi(y))\,dy$$

と定めると，この f は $C[0,1]$ から $C[0,1]$ への C^1-級のコンパクト作用素である．$\varphi,\psi\in C[0,1]$ に対して，

$$f'(\varphi)\psi=\int_0^1\frac{\partial}{\partial z}k(x,y,\varphi(y))\cdot\psi(y)\,dy.$$

解 f がコンパクト作用素であることは，例 1.3 で示した．$h\in C[0,1]$ に対して，平均値の定理より，

$$f(\varphi+h)(x)-f(\varphi)(x)-\int_0^1\frac{\partial}{\partial z}k(x,y,\varphi(y))\cdot h(y)\,dy=\int_0^1 g(x,y)\,dy.$$

ここで，

$$g(x,y)=\int_0^1\Big[\frac{\partial}{\partial z}k(x,y,\varphi(y)+sh(y))-\frac{\partial}{\partial z}k(x,y,\varphi(y))\Big]ds\cdot h(y).$$

$$\|\varphi\|_C\leqq M$$

とすれば，

$$|g(x,y)|\leqq\max_{\xi,\eta,\zeta,z}\left|\frac{\partial}{\partial z}k(\xi,\eta,\zeta+z)-\frac{\partial}{\partial z}k(\xi,\eta,\zeta)\right|\|h\|_C$$

$$(\xi,\eta\in[0,1];\quad |\zeta|\leqq M,\quad |z|\leqq\|h\|_C).$$

故に，$\|h\|_C\to 0$ のとき，$|g(x,y)|/\|h\|_C$ は x,y に関して一様にゼロに収束する．故に，

$$\|f(\varphi+h)-f(\varphi)-\int_0^1\Big(\frac{\partial}{\partial z}\Big)k(x,y,\varphi(y))\cdot h(y)\,dy\|_C/\|h\|_C\to 0\qquad(\|h\|_C\to 0).$$

$(\partial k(x,y,\varphi(y))/\partial z)$ z は x,y,z に関して連続であるから，$\int_0^1(\partial/\partial z)k(x,y,\varphi(y))\cdot h(y)\,dy$ は $C[0,1]$ から $C[0,1]$ への有界作用素である（例 1.3 をみよ）．故に，$f(\varphi)$ は φ に関してフレッシェ微分可能であって，そのフレッシェ微分 $f'(\varphi)$ は

$$f'(\varphi)h(x)=\int_0^1\Big(\frac{\partial}{\partial z}\Big)k(x,y,\varphi(y))\cdot h(y)\,dy$$

で与えられる．$\varphi_n\to\varphi$ （$C[0,1]$ の位相で）のとき，$(\partial/\partial z)k(x,y,\varphi_n(y))$ は，x,y について一様に $(\partial/\partial z)k(x,y,\varphi(y))$ に収束する．他方，

$$\|f'(\varphi_n)h-f'(\varphi)h\|_C\leqq\max_{x,y}\Big|\Big(\frac{\partial}{\partial z}\Big)[k(x,y,\varphi_n(y))-k(x,y,\varphi(y))]\Big|\|h\|_C$$

$$(x,y\in[0,1])$$

故に，

$$\|f'(\varphi_n)h-f'(\varphi)h\|_C/\|h\|_C\leqq\max_{x,y}\Big|\Big(\frac{\partial}{\partial z}\Big)[k(x,y,\varphi_n(y))-k(x,y,\varphi(y))]\Big|.$$

この右辺は，$n\to\infty$ のときゼロに収束するから，

$$\|f'(\varphi_n)-f'(\varphi)\|\to 0.$$

すなわち，$f(\varphi)$ のフレッシェ微分は連続である．

§4. ガトー微分

前に導入した微分のほかに，有用な微分の概念がもうひとつある．(伊藤[26], p. 177 における) “方向微分” である．ガトー (Gâteaux) 微分といわれる．f を Ω 上で定義され，値を Y にもつ写像とする．$f\colon \Omega\to Y$.

定義 4.1. $x_0\in\Omega$. 任意の $h\in X$ に対して，

$$\frac{1}{t}[f(x_0+th)-f(x_0)] \tag{4.1}$$

が，$t\to 0$ のとき (Y の強位相で) 極限をもつとき，f は $\boldsymbol{x_0}$ **でガトー微分可能**といい，この極限をガトー微分という．$df(x_0;h)$ とかく．Ω 上すべての点でガトー微分可能のとき，f は $\boldsymbol{\Omega}$ **上ガトー微分可能**という．

f が x_0 でガトー微分可能であれば，明らかに，

$$df(x_0;\lambda h)=\lambda df(x_0;h) \tag{4.2}$$

が成立．しかし，一般には，h に関する加法性はない．

$$df(x_0;\ h_1+h_2)\neq df(x_0;h_1)+df(x_0;h_2).$$

もし $df(x_0;h)$ が h について線型であれば，x_0 に依存する X から Y への線型作用素 $df(x_0)$ があって，

$$df(x_0;h)=df(x_0)h$$

と表される．この $df(x_0)$ を $f(x)$ の $\boldsymbol{x=x_0}$ **におけるガトー微分**という．

特に，$Y=\boldsymbol{R}$ のときを考える．X の開集合 Ω 上で定義された汎関数 f が点 x でガトー微分可能であって，

$$df(x;h)=df(x)h,\qquad h\in X$$

となる有界線型汎関数 $df(x)$ が存在するとき，この $df(x)$ を f の点 x における**グラジエント**といい，$\mathrm{grad}\, f(x)$ または $\nabla f(x)$ で表す (伊藤 [26], p. 181)．このとき，$f(x)$ を $\mathrm{grad}\, f(x)$ の**ポテンシャル**という．

$$\langle\nabla f(x),\, h\rangle=\frac{d}{dt}f(x+th)\,|_{t=0}=\lim_{t\to 0}\frac{f(x+th)-f(x)}{t}$$

($\langle\cdot,\cdot\rangle$ は X^* と X との対である)

例 4.2. X を反射的な実バナッハ空間，$A\in\mathcal{L}(X;\ X^*)$ とする：この A の

共役作用素 A^* は X から X^* への有界作用素であることに注意しよう．
このとき，

$$f(x)=\langle Ax, x\rangle$$

と定めると

$$f(x+th)-f(x)=\langle Ax+tAh, x+th\rangle-\langle Ax, x\rangle$$
$$=t\langle Ax, h\rangle+t\langle A^*x, h\rangle+t^2\langle Ah, h\rangle$$

故に，

$$\frac{d}{dt}f(x+th)\,|_{t=0}=df(x;h)=\langle Ax, h\rangle+\langle A^*x, h\rangle$$

よって，

$$\nabla f(x)=Ax+A^*x.$$

§5. フレッシェ微分とガトー微分との関係

これまで，ふたつの微分の概念を導入したが，それらは互いにどういう関係があろうか．

フレッシェ微分の方が，ガトー微分より強い概念である．すなわち，次を示すことができる(伊藤［26］，定理 43.4 参照)．

命題 5.1. f が $x=x_0$ でフレッシェ微分可能であれば，ガトー微分可能であって，フレッシェ微分とガトー微分は一致する．

証明 仮定より，

$$\|f(x_0+th)-f(x_0)-tf'(x_0)h\|=o(|t|\|h\|)^{1)},\qquad t\to 0$$

となる．この両辺を t でわり，$t\to 0$ とすれば，(4.1)は極限をもち，

$$df(x_0;h)=f'(x_0)h.$$

$f'(x_0)\in\mathcal{L}(X;Y)$ であるから，命題を示している． □

逆は成立しない(たとえば，伊藤［26］，例 43.5)．しかし，次の有用な定理がある(伊藤［26］，定理 43.13 参照)．

命題 5.2. X の開集合 Ω で定義され，値を Y にもつ写像 f が，Ω の各点で，ガトー微分可能であってそのガトー微分 $df(x;h)$ が

---

1) $f(t)=o(g(t))$，$t\to 0$ とは，$\lim_{t\to 0}|f(t)|/|g(t)|=0$

$$df(x;h)=df(x)h \qquad (h\in X)$$

と表されていると仮定する．ここで，$df(x)$ は，Ω の各点から $\mathcal{L}_u(X;Y)$ への連続写像である．このとき，f は Ω でフレッシェ微分可能であって，$df(x)=f'(x)$．

証明

（1） $x_0\in\Omega$ とする．$x_0+th\in\Omega$ $(0\leqq t\leqq 1)$ のように $\|h\|$ を十分小さくとって固定する．任意の $y^*\in Y^*$ に対して，$\langle y^*, f(x_0+th)\rangle$ は $t\in[0,1]$ の関数とみて，微分可能なスカラー値関数である．故に，t について連続である．その微分は，

$$\frac{d}{dt}\langle y^*, f(x_0+th)\rangle=\langle y^*, \frac{d}{dt}f(x_0+th)\rangle=\langle y^*, df(x_0+th;h)\rangle.$$

この右辺は連続より，$[0,1]$ 上積分すれば，

$$\begin{aligned}\langle y^*, f(x_0+h)\rangle-\langle y^*, f(x_0)\rangle&=\int_0^1\langle y^*, df(x_0+th;h)\rangle dt\\&=\int_0^1\langle y^*, df(x_0+th)h\rangle dt.\end{aligned}$$

$df(x_0+th)$ は t に関して作用素ノルムで連続であることと，y^* の任意性より，

$$f(x_0+h)-f(x_0)=\int_0^1 df(x_0+th)hdt \tag{5.1}$$

を得る．

（2） 上のごとき x_0, h に対して，

$$\omega(x_0,h)=f(x_0+h)-f(x_0)-df(x_0)h$$

とおく．ハーン・バナッハ(Hahn–Banach)の定理より，

$$\langle y^*, \omega(x_0,h)\rangle=\|\omega(x_0,h)\|, \qquad \|y^*\|=1$$

となる $y^*\in Y^*$ が存在する．故に，(5.1) より，

$$\begin{aligned}\|\omega(x_0,h)\|&=\langle y^*, \omega(x_0,h)\rangle\\&=\langle y^*, f(x_0+h)-f(x_0)\rangle-\langle y^*, df(x_0)h\rangle\\&=\int_0^1\langle y^*, (df(x_0+th)-df(x_0))h\rangle dt.\end{aligned}$$

よって，$\|y^*\|=1$ を考慮すれば，

$$\|\omega(x_0,h)\|\leqq\|h\|\sup_{0\leqq t\leqq 1}\|df(x_0+th)-df(x_0)\|. \tag{5.2}$$

仮定によって，$df(x)$ はxについて連続であるから，

$$\sup_{0\leq t\leq 1}\|df(x_0+th)-df(x_0)\|\to 0 \qquad (\|h\|\to 0).$$

故に，(5.2) より，

$$\lim_{h\to 0}\|\omega(x_0, h)\|/\|h\|=0.$$

これは，$f(x)$がフレッシェ微分可能であって，そのフレッシェ微分は$df(x)$であることを示している． □

例 5.3. Dを$\boldsymbol{R}^n$の領域とする．$X=L^p(D)$ $(1<p<+\infty)$，$Y=\boldsymbol{R}$，$f(u)=\|u\|_{L^p}^p$と定める．このとき$f(u)$ はフレッシェ微分可能である．$1<p\leqq 2$の場合のみ示そう($p>2$の場合は，問題とする)．

$$\varphi(\xi)=(|1+\xi|^p-1-p\xi)|\xi|^{-p}, \qquad \xi\in\boldsymbol{R}$$

とおく．このとき，

$$\lim_{\xi\to\pm\infty}\varphi(\xi)=1, \qquad \lim_{\xi\to 0}\varphi(\xi)=\text{存在}$$

であるから，

$$-C_1|\xi|^p\leqq|1+\xi|^p-1-p\xi\leqq C_2|\xi|^p, \qquad \xi\in\boldsymbol{R}$$

となる正定数C_1, C_2が存在する．$\lambda\neq 0$のとき$\xi=\eta/\lambda$とおいて，両辺に$|\lambda|^p$をかけると，

$$-C_1|\eta|^p\leqq|\lambda+\eta|^p-|\lambda|^p-p|\lambda|^{p-1}(\operatorname{sign}\lambda)\eta\leqq C_2|\eta|^p$$

($\lambda=0$のときにもこれは成立)．

故に，

$$\eta=th(x), \qquad \lambda=u(x)$$

とおき，D上で積分すると，

$$-C_1|t|^p\|h\|_{L^p}^p\leqq\|u+th\|_{L^p}^p-\|u\|_{L^p}^p-t\int_D h(x)g_u(x)dx$$

$$\leqq C_2|t|^p\|h\|_{L^p}^p.$$

ここで，$g_u(x)=p|u(x)|^{p-1}\operatorname{sign}u(x)$．両辺を$t$でわり，$t\to 0$とすれば，

$$\frac{d}{dt}\|u+th\|_{L^p}^p\Big|_{t=0}=\int_D h(x)g_u(x)dx \tag{5.3}$$

を得る．$g_u\in L^{p'}(D)$ であるから，(5.3) の右辺は，$L^p(D)$ 上の(hに関する)線型有界汎関数を与える．$(1/p+1/p'=1)$ すなわち，$\|u\|_{L^p}^p$はガトー微分

可能であって，

$$df(u)h=\int_D h(x)g_u(x)\,dx.$$

特に，

$$\|df(u)-df(v)\|=\|g_u-g_v\|_{L^{p'}}.$$

故に，$L^p(D)$ の位相で $u_n\to u$ のとき，$df(u_n)\to df(u)$ ($\mathcal{L}^u(L^p(D);\boldsymbol{R})$の位相で)を示すためには，$g_{u_n}\to g_u(L^{p'}(D)$の位相で)を示したらよい．$\varphi(s)=|s|^{p-2}s$ とおく(簡単な証明は章末問題6)．$t\geqq s\geqq 0$ の場合：

$$\varphi(t)-\varphi(s)=\int_0^1\frac{d}{d\lambda}\varphi(s+\lambda(t-s))\,d\lambda$$

$$=(p-1)\int_0^1|s+\lambda(t-s)|^{p-2}d\lambda|t-s|$$

$\lambda^{2-p}|t-s|^{2-p}|s+\lambda(t-s)|^{p-2}\leqq 1$ であるから，

$$|\varphi(t)-\varphi(s)|\leqq|t-s|^{p-1}\leqq 2^{2-p}|t-s|^{p-1}. \tag{5.4}$$

その他の場合も同様；(各自確かめよ)．故に，$t=u(x)$，$s=v(x)$ とおくと，

$$\|g_u-g_v\|_{L^{p'}}\leqq p\cdot 2^{2-p}\|u-v\|_{L^p}^{p-1}.$$

よって，$\|g_{u_n}-g_u\|_{L^{p'}}\to 0$ となる．$f(u)$ は作用素ノルムで連続である．命題5.2より，$f(u)$はフレッシェ微分可能であって，$f'(u)=p|u(x)|^{p-1}\mathrm{sign}\,u(x)$.

§6. 多重線型作用素と高階微分

(1) $X_1,\cdots,X_N$ をバナッハ空間とする．

その積空間 $X_1\times\cdots\times X_N$ から Y への写像 $f(x_1,\cdots,x_N)$ が，各 x_i について線型のとき，N-**線型**という(服部 [28]，p. 73 参照)．また，

$$\|f(x_1,\cdots,x_N)\|\leqq M\|x_1\|\cdots\|x_N\| \qquad (x_i\in X_i)$$

を満たす N-線型作用素を有界という．このような f の全体を $\mathcal{L}(X_1,X_2,\cdots,X_N;Y)$ とかく．特に $X_1=X_2=\cdots=X_N$ の場合 $\mathcal{L}(X,\cdots,X;Y)$ を $\mathcal{L}_N(X,Y)$ とかくこともある．$(1,2,\cdots,N)$ の任意の置換 $(\sigma(1),\cdots,\sigma(N))$ に対して，$f(x_1,\cdots,x_N)=f(x_{\sigma(1)},\cdots,x_{\sigma(N)})$ のとき，f は**対称**であるという．$f(x,x,\cdots,x)$ を $f(x^n)$ とかく．$\mathcal{L}_u(X,X;Y)$ は $\mathcal{L}_u(X;\mathcal{L}_u(X;Y))$ と同一視できる．

(2) Ω 上連続的微分可能な f の微分 $f'(x)$，(あるいは $D_xf(x)$，$f_x(x)$)は，

Ω から $\mathcal{L}_u(X; Y)$ とみなすことができる．かくして，$f'(x)$ が Ω の点 $x=x_0$ で微分可能であるということが，同様にして定義される．このとき，$f(x)$ は $x=x_0$ で**2回微分可能**であるといいその微分を $f''(x_0)$ (あるいは $D_x{}^2f(x_0)$, $f^2{}_x(x_0)$)とかく．各点で2回微分可能のとき，**Ω 上2回微分可能**という．$f''(x):\Omega\to\mathcal{L}_u(X;\mathcal{L}_u(X, Y))$ と見て，x に関して連続のとき，**Ω 上2回連続的微分可能**(C^2-級)という．$f''(x)$は$\mathcal{L}_u(X;\mathcal{L}_u(X; Y))$ に属するが，$\mathcal{L}_u(X, \mathcal{L}_u(X, Y))$ は $\mathcal{L}_u(X, X; Y)$ と同一視できるから，$f''(x)$ は双線型写像である．すなわち，任意に固定した $h_1\in X$ に対して，$f'(x)h_1$ は x に関して微分可能であって，$(f'(x)h_1)'h_2=f''(x)[h_1, h_2]$．同様にして，$f$ が **N 回微分可能**，**N 回連続的微分可能**(C^N-級)，f の **N 次の微分(導関数)** $f^{(N)}(x)$ $(D_x{}^Nf(x))$ などが帰納的に定義できる．このような f の全体を $C^N(\Omega, Y)$ とかく．$f^{(N)}(x)$ は各 $x\in\Omega$ に対して，$\mathcal{L}_u(\underbrace{X, \cdots, X}_{N}; Y)$ の元とみなすことができる．同様にして，**高階のガトー微分** $d^Nf(x; h)$ が定義できる．たとえば，

$$d^2f(x; h_1, h_2)=d(df(x; h_2), h_1)=\frac{d}{dt}df(x+th_1; h_2)\big|_{t=0}$$

$$=\frac{\partial^2}{\partial t_1\partial t_2}f(x+t_1h_1+t_2h_2)\big|_{t_1=t_2=0};$$

一般に(伊藤 [26], p. 199 参照),

$$d^Nf(x; h_1, \cdots, h_N)=d[d^{N-1}f(x; h_1, \cdots, h_{N-1}); h_N]$$

$$=\frac{d}{dt_N}[d^{N-1}f(x+t_Nh_N; h_1, \cdots, h_{N-1})]\big|_{t=0}$$

$$=\frac{d}{dt_1}\left(\frac{d}{dt_2}\left(\cdots\left(\frac{d}{dt_N}f\left(x+\sum_{j=1}^N t_jh_j\right)\right)\cdots\right)\right)\bigg|_{t=0}$$

($t=0$ は，$t_1=\cdots=t_N=0$ を意味する)．これと，命題5.1を合わせると，次の命題を得る．

命題 6.1. X の開集合 Ω で定義され値を Y にもつ写像 f が Ω 上 N 回連続的フレッシェ微分可能であれば，$f^{(N)}(x)$ は対称な N-線型写像である．

§7. テイラーの公式と合成写像の微分

(1) **テイラー(Taylor)展開**の公式を与えよう(伊藤 [26] 定理 32.7)．

命題 7.1. $f\in C^{n+1}(\Omega; Y)$, $x+\lambda h\in\Omega(0\leqq\lambda\leqq 1)$ と仮定する．このとき

$$(7.1)\quad f(x+h)=f(x)+D_xf(x)[h]+\frac{1}{2}D_x{}^2f(x)[h^2]+\cdots+\frac{1}{n\,!}D_x{}^nf(x)[h^n]+R_{n+1}(x,h).$$

ただし，

$$R_{n+1}(x,h)=\int_0^1\frac{(1-s)^n}{n\,!}D_x{}^{n+1}f(x+sh)[h^{n+1}]ds.$$

証明 $y^*\in Y^*$とする．C^{n+1}-級の実数値関数 $g(t)=\langle y^*, f(x+th)\rangle$ に対し，通常のテイラーの公式を適用すると，

$$(7.2)\quad g(t)=g(0)+\sum_{k=1}^{n}\frac{1}{k\,!}g^{(k)}(0)t^k+R_{n+1}(t).$$

ここで

$$R_{n+1}(t)=\int_0^1\frac{(1-s)^n}{n\,!}g^{(n+1)}(st)t^{n+1}ds.$$

$g^{(k)}(t)=\langle y^*, D_x{}^kf(x+th)[h^k]\rangle$ であるから $g^{(k)}(0)=\langle y^*, D_x{}^kf(x)\ [h^k]\rangle$．故に，(7.2) 式において，$t=1$ とおくと，

$$(7.3)\quad \langle y^*, f(x+h)\rangle=\langle y^*, f(x)+\sum_{k=1}^{n}\frac{1}{k\,!}D_x{}^kf(x)[h^k]+R_{n+1}(1)\rangle.$$

ここで，

$$(7.4)\quad \langle y^*, R_{n+1}(1)\rangle=\int_0^1\frac{(1-s)^n}{n\,!}\langle y^*, D_x{}^{n+1}f(x+sh)[h^{n+1}]\rangle ds.$$

(7.4) は任意の $y^*\in Y^*$ に対して成立するから，(7.1) を得る． □

系 7.2. (伊藤 [26], p. 202 参照)上の命題の仮定の下で，

$$(7.5)\quad \|f(x+h)-\sum_{j=0}^{n+1}\frac{1}{j!}D_x{}^jf(x)[h^j]\|\leqq\omega(\|h\|)\|h\|^{n+1}/(n+1)\,!.$$

ここで，

$$\omega(\|h\|)=\sup_{0\leqq s\leqq 1}\|D_x{}^{n+1}f(x+sh)-D_x{}^{n+1}f(x)\|.$$

証明

$$R_{n+1}(x,h)=\frac{1}{(n+1)\,!}D_x{}^{n+1}f(x)[h^{n+1}]+\int_0^1\frac{(1-s)^n}{n\,!}(D_x{}^{n+1}f(x+sh)-D_x{}^{n+1}f(x))[h^{n+1}]ds$$

であるから，(7.1) より (7.5) は直ちに導かれる． □

最後に，偏微分の定義を与えておこう．X_1, X_2 をバナッハ空間，Ω_1, Ω_2 を X_1, X_2 の開集合とする．$x=(x_1, x_2)$ を $\Omega_1\times\Omega_2$ の点とする．写像 $f: \Omega_1\times\Omega_2\to Y$ が，(x_2 を固定し，$f(x_1, x_2)$ を Ω_1 から Y への x_1 に関する写像と考えて) x_1 につき微分可能ならば f は x_1 に関して**偏微分可能**であるといい，その偏微分を $D_{x_1}f(x_1, x_2)$ で表す．同様にして，$D_{x_2}f(x_1, x_2)$，$D_{x_1}{}^2f(x_1, x_2)$，$D_{x_1}D_{x_2}f(x_1, x_2)$, …が定義できる(伊藤 [26]，p. 178)．

(2) (フレッシェ)微分は通常の微分と同じ性質を多くもつ．たとえば，次の**合成関数の微分法則**が成立する(伊藤 [26]，定理 43.10)．

命題 7.3. X, Y, Z をバナッハ空間，Ω, Ω' を X, Y の開集合とする．写像 $f: \Omega\to Y$ は値を Ω' にもち，Ω 上(連続的)微分可能，写像 $g: \Omega'\to Z$ は Ω' 上(連続的)微分可能であれば，Ω から Z への写像 $(g\circ f)(x)\equiv g(f(x))$ は，Ω 上(連続的)微分可能であって，

$$g(f(x))_x[h]=g_y(f(x))\circ f_x(x)[h], \qquad h\in X \tag{7.6}$$

が成立．

証明 g は微分可能であるから，

$$g(y+k)-g(y)=g_y(y)[k]+\varepsilon_2(y, k), \qquad k\in Y \tag{7.7}$$

とかかれる．ただし，

$$\lim_{\|k\|\to 0}\|\varepsilon_2(y, k)\|/\|k\|=0.$$

他方，

$$f(x+h)-f(x)=f_x(x)[h]+\varepsilon_1(x, h), \qquad h\in X. \tag{7.8}$$

ただし，

$$\lim_{\|h\|\to 0}\|\varepsilon_1(x, h)\|/\|h\|=0.$$

(7.7) に，$y=f(x), y+k=f(x+h)$ を代入すれば，

$$g(f(x+h))=g(f(x))+g_y(f(x))[k]+\varepsilon_2(f(x), k).$$

(7.8) の左辺は k であるから，これを代入すると，

$$g(f(x+h))=g(f(x))+g_y(f(x))\circ f_x(x)[h]+g_y(f(x))[\varepsilon_1(x, h)])$$
$$+\varepsilon_2(f(x), f_x(x)[h]+\varepsilon_1(x, h)).$$

この右辺の第3項＋第4項を $\|h\|$ でわったものは，$\|h\|\to 0$ とすれば，ゼロに収束する．故に，$g(f(x))$ は微分可能であって，(7.6) が成立，すなわち，

$$g(f(x))_x[h]=g_y(f(x))\circ f_x(x)[h], \qquad h\in X.$$

となる．もし f, g が共に連続的微分可能であれば，(7.6) の右辺は x につき(作用素ノルムで)連続であるから，$g(f(x))_x$ も連続．よって，$g\circ f$ は連続的微分可能である．　□

例 7.4.* D を R^3 におけるなめらかな境界をもつ有界領域とする．ソボレフ空間 $H^2(D)$，$H_0^1(D)$ に対して，$X=H^2(D)\cap H_0^1(D)$ とおくと，$H^2(D)$ の閉部分空間である．ソボレフの埋蔵定理によって，X の元は $C(\bar{D})$ の元とみなせる；

$$X\subset C(\bar{D}) \qquad (\text{埋蔵作用素は連続}).$$

$Y=L^2(D)$ とおく．このことから

$$f(u,\lambda)=\Delta u+\lambda u^3$$

と $X\times \boldsymbol{R}$ から Y への写像 f を定めると，任意の N に対して，これは $X\times \boldsymbol{R}$ 上 C^N-級となる．簡単な計算より，

$$f_u(u,\lambda)[v]=\Delta v+3\lambda u^2 v, \qquad f_\lambda(u,\lambda)=u^3, \qquad f_{\lambda u}(u,\lambda)[v]=3u^2 v$$

となる．

問　題　1

1. $[0,1]$ 上絶対連続な実数値関数 $u(t)$ で $u(0)=u(1)=0$ であって $u'(t)$ が2乗可積分となるような $u=u(t)$ の全体を $H_0^1[0,1]$ とする．$H_0^1[0,1]$ 上の汎関数 f を

$$f(u)=\int_0^1 u'(t)^2 dt$$

と定める．∇f を求めよ．

2. C^2-級の汎関数 $f:\boldsymbol{R}^n\to\boldsymbol{R}^1$ に対して，2階フレッシェ微分 f'' を求めよ．

3. 一様連続な写像 $f: X\to Y$ は有界であることを示せ．

4. X を反射的バナッハ空間とする．写像 $f: X\to Y$ が，任意の弱収束列を弱収束列に移すならば，f は有界であることを示せ．

5. 汎関数 f を，$u\in L^p(\boldsymbol{R}^n)\,(1<p\leqq\infty)$ に対して，$f(u)=\|u\|_{L^p}^p$ と定めると，f はフレッシェ微分可能となることを示せ（$1<p\leqq 2$ の場合は，本文で示した）．

6. $\sup||a|^{p-2}a-|b|^{p-2}b|/|a-b|^{p-1}$ を計算することにより，(5.4) を示せ．

第2章

不動点定理

fを，集合Ωから自分自身の中への写像とする．このとき，方程式

(8.1) $$f(x)=x$$

を満たすx(これをfの**不動点**という)がΩの中に存在するためのfとΩの条件を求めたい．非線型問題における多くの存在問題は，上の形の問題に帰着される．

§8. 縮小写像の原理

(8.1)を満たすxの存在を保証する最も簡単な条件は，fが"縮小写像"であることである．

fを完備な距離空間Xから自分自身への連続写像とする．yをXの元とする．Xの点列

(8.2) $$y, f(y), f^2(y), \cdots, f^n(y), \cdots$$

が，Xのある元xに収束したと仮定すれば，fは(仮定より)連続であるから，

$$f(x)=f(\lim_{n\to\infty} f^n(y))=\lim_{n\to\infty} f^{n+1}(y)=x.$$

これは，xが不動点であることを示している．ただし，$f^n(y)$は帰納的に，$f^n(y)=f(f^{n-1}(y))$によって定義する．したがって，点列(8.2)が収束すれば，(8.1)は解をもつ．(8.2)が収束する条件は，次の定理で与えられる．

定理 8.1. 完備な距離空間X(dがその距離)から自分自身への写像fが，

(8.3) $$d(f^n(x), f^n(y))\leqq k_n d(x,y) \qquad (x,y\in X;\ n=1,2,\cdots)$$

を満たすと仮定する．ただし，k_n は

$$\text{(8.4)}\qquad \sum_{n=1}^{\infty} k_n < \infty$$

を満たす非負の定数である．このとき，f は不動点 x をもつ．任意の X の点 y に対して，点列 $\{f^n(y)\}$ は，x に収束する．そのうえ，

$$\text{(8.5)}\qquad d(f^n(y), x) \leqq \left(\sum_{j=n}^{\infty} k_j\right) d(f(y), y) \qquad (n=1, 2, \cdots).$$

証明 (8.3) より

$$d(f^n(y), f^{n+1}(y)) \leqq k_n d(y, f(y)).$$

故に，三角不等式を何回か適用すると，

$$\begin{aligned}\text{(8.6)}\quad d(f^n(y), f^{n+p}(y)) &\leqq d(f^n(y), f^{n+1}(y)) + d(f^{n+1}(y), f^{n+2}(y)) \\ &\quad + \cdots + d(f^{n+p-1}(y), f^{n+p}(y)) \\ &\leqq (k_n + k_{n+1} + \cdots + k_{n+p-1}) d(y, f(y)) \qquad (n, p \geqq 0).\end{aligned}$$

$n, p \to \infty$ のとき，(8.4) によって，上式の右辺はゼロに収束するから，$\{f^n(y)\}$ はコーシー(Cauchy)列．X の完備性より，この列は，X のある元 x に収束する．三角不等式によって，

$$\begin{aligned}d(x, f(x)) &\leqq d(x, f^{n+1}(y)) + d(f^{n+1}(y), f(x)) \\ &\leqq d(x, f^{n+1}(y)) + k_1 d(f^n(y), x).\end{aligned}$$

$n \to \infty$ とすれば，上の 2 段目の式はゼロに収束する．故に，$x = f(x)$．x は不動点である．不動点はただひとつである．実際，もし x' を不動点とすれば，$f^n(x') = x'$，$f^n(x) = x$ であるから，

$$d(x, x') = d(f^n(x), f^n(x')) \leqq k_n d(x, x').$$

この右辺は，$n \to \infty$ のとき，(8.4) よりゼロに収束する．よって，$d(x, x') = 0$．すなわち，$x = x'$．最後に，(8.5) を示す．(8.6) より，

$$\begin{aligned}d(f^n(y), x) &\leqq d(f^n(y), f^{n+p}(y)) + d(f^{n+p}(y), x) \\ &\leqq \left(\sum_{j=n}^{\infty} k_j\right) d(y, f(y)) + d(f^{n+p}(y), x).\end{aligned}$$

$p \to \infty$ とすれば，$d(f^{n+p}(y), x) \to 0$ より，求める式 (8.5) を得る． □

応用上，次の定理 8.1 の特別な場合が有用である．

系 8.2. **(縮小写像の原理)** f は完備な距離空間 X から自分自身の中への**縮小写像**：$0 < k < 1$ なる k を適当にとれば，

$$\text{(8.7)}\qquad d(f(x), f(y)) \leqq k d(x, y), \qquad x, y \in X$$

とする．このとき，f は X の中にただひとつの不動点 x をもつ．任意の $y\in X$ に対し，点列 $\{f^n(y)\}$ は x に収束し，

$$d(f^n(y),x)\leqq\frac{k^n}{1-k}d(f(y),y). \tag{8.8}$$

証明 (8.7)を適用すると，

$$d(f^n(x),f^n(y))\leqq kd(f^{n-1}(x),f^{n-1}(y))\leqq\cdots\leqq k^n d(x,y).$$

$k_n=k^n$ とおくと，(8.4)を満たす．故に，定理8.1を適用すれば，系を得る．□

(8.1)における f がパラメータ λ に依存している場合が応用上しばしば起こる：

$$f(x,\lambda)=x.$$

これに対して，次の系を得る．

系 8.3. X,Λ をふたつの完備距離空間，f を $X\times\Lambda$ から X への連続写像とする．$\lambda\in\Lambda$ を固定したとき．$f(\cdot,\lambda)$ を X からそれ自身の中への写像とみなして，(8.3)すなわち，

$$d(f^n(x,\lambda),\ f^n(y,\lambda))\leqq k_n d(x,y)\qquad(x,y\in X,\ \lambda\in\Lambda, n=1,2,\cdots) \tag{8.9}$$

を満たすと仮定する．ただし，k_n は(8.4)を満たす(λ によらない)定数である．このとき，各 $\lambda\in\Lambda$ に対して，$f(\cdot,\lambda)$ は不動点 $x=x(\lambda)$ をただひとつもつ．そのうえこの $x(\lambda)$ は λ につき連続である．

証明 各 $\lambda\in\Lambda$ を固定すれば，定理8.1より，$f(\cdot,\lambda)$は不動点をただひとつもつ．$\lambda_j\to\lambda$ としよう．$f_j(x)=f(x,\lambda_j)$，$f_\infty(x)=f(x,\lambda)$ とおく．このとき，

主張 任意の自然数 p と $x\in X$ に対して，

$$d(f_j{}^p(x),f_\infty{}^p(x))\to 0,\qquad j\to\infty. \tag{8.10}$$

実際，三角不等式と(8.9)より，

$$\begin{aligned}d(f_j{}^p(x),f_\infty{}^p(x))&\leqq d(f_j{}^p(x),f_j{}^{p-1}(f_\infty(x)))+\cdots\\&\quad+d(f_j(f_\infty{}^{p-1}(x)),f_\infty{}^p(x))\\&\leqq k_{p-1}d(f_j(x),f_\infty(x))+\cdots+d(f_j(f_\infty{}^{p-1}(x)),f_\infty{}^p(x)).\end{aligned} \tag{8.11}$$

f は仮定より連続であるから，$f_j(f_\infty{}^l(x))\to f_\infty{}^{l+1}(x)$，$j\to\infty$．故に，(8.11)の右辺の各項は，$j\to\infty$のときゼロに収束する．よって，(8.10) を得る．

さて，$0<k_p<1$ くらい p を大きくとると((8.4)をみよ)，$x(\lambda_j)$，$x(\lambda)$は f_j,

f_∞ の(したがって, $f_j{}^p, f_\infty{}^p$ の)不動点であるから,

$$
\begin{aligned}
d(x(\lambda_j), x(\lambda)) &= d(f_j{}^p(x(\lambda_j)),\ f_\infty{}^p(x(\lambda))) \\
&\leqq d(f_j{}^p(x(\lambda_j)),\ f_j{}^p(x(\lambda))) + d(f_j{}^p(x(\lambda)), f_\infty{}^p(x(\lambda))) \\
&\leqq k_p d(x(\lambda_j),\ x(\lambda)) + d(f_j{}^p(x(\lambda)),\ f_\infty{}^p(x(\lambda))).
\end{aligned}
$$

故に,

$$
d(x(\lambda_j),\ x(\lambda)) \leqq \frac{1}{1-k_p} d(f_j{}^p(x(\lambda)), f_\infty{}^p(x(\lambda))).
$$

$j\to\infty$ とすれば, $f_j(x(\lambda))\to f_\infty(x(\lambda))$, したがって, $f_j{}^p(x(\lambda))\to f_\infty{}^p(x(\lambda))$ であるから, 上式より $x(\lambda_j)\to x(\lambda)$ を得る. これは $x(\lambda)$ が λ につき連続であることを示している. □

簡単な応用例を示そう.

例 8.4. 方程式

$$
x(t) = t + \frac{1}{2}\sin x(t) \qquad (-1 \leqq t \leqq 1)
$$

を満たす区間 $[-1, 1]$ 上の連続関数 $x(t)$ がただひとつ存在する.

証明 完備な距離空間 X として, $X = C[-1, 1]$ をとる.

$$
f(x)(t) = t + \frac{1}{2}\sin x(t), \qquad x \in X
$$

と f を定めると, f は X から X への連続写像である. $f(x) = x$ となる $x \in X$ が求める関数である. (8.7) を確かめる. 平均値の定理を用いると, 任意の x, $y \subset X$ に対して,

$$
f(y)(t) - f(x)(t) = \frac{1}{2}\int_0^1 \cos(x(t) + \theta(y(t) - x(t)))d\theta\ \ (y(t) - x(t)).
$$

故に,

$$
|f(x)(t) - f(y)(t)| \leqq \frac{1}{2}|y(t) - x(t)|.
$$

両辺 t につき最大値をとると,

$$
\|f(x) - f(y)\|_X \leqq \frac{1}{2}\|x - y\|_X.
$$

これは, (8.7) が $k = 1/2$ で成立することを示している. よって, 系 8.2 より, f は不動点をもつ. □

例 8.5. λを$0\leqq\lambda\leqq1$なるパラメータとする．各固定したλに対して，方程式

$$x(t)=t+\frac{\lambda}{2}\sin x(t) \qquad (-1\leqq t\leqq 1)$$

を満たす区間 $[-1,1]$ 上の連続関数 $x=x(\cdot,\lambda)$ はただひとつ存在する． $x=x(t,\lambda)$ は，$C([-1,1])$の位相でλにつき連続的に依存している．

証明 例 8.4 と同様にして，系8.3より導かれる． □

例 8.6.

$$x(t)=1+\int_0^t x(s)ds \qquad (0\leqq t\leqq 2)$$

を満たす区間 $[0,2]$ 上の連続関数 $x=x(t)$がただひとつ存在する．

解 定理8.1を適用して示す．$X=C[0,2]$ ととり，

$$f(x)(t)=1+\int_0^t x(s)ds$$

と定めると，fはXから自分自身への連続写像となることがわかる．他方，$x=0$, $y=1$ とすると，次を満たす:

$$\|f(x)-f(y)\|_X=2\|x-y\|_X.$$

故に，系8.2は適用できない．

他方，

$$f^n(x)(t)-f^n(y)(t)=\frac{1}{(n-1)!}\int_0^t (t-s)^{n-1}[x(s)-y(s)]ds.$$

したがって，

$$\|f^n(x)-f^n(y)\|_X\leqq\frac{2^n}{n!}\|x-y\|_X.$$

$k_n=2^n/n!$ とおくと，(8.4) を満たしていることが，簡単にわかる．定理8.1より，所要の結果を得る． □

§9. ブラウアーの不動点定理

区間 $[-1,1]$ を自分自身へ写す連続写像fは，一般に縮小写像でないが，不動点をもつ．実際，$g(x)=x-f(x)$ とおくと，gは区間 $[-1,1]$ 上の連続

関数であって，$g(-1)\leqq 0$，$g(1)\geqq 0$．$g(-1)=0$ また $g(1)=0$ ならば，対応する点が f の不動点である．もし $g(-1)<0$，$g(1)>0$ ならば，$g(x_0)=0$ となる x_0 が区間 $(-1,1)$ に存在する．この点が f の不動点である．いずれの場合にしても，f が不動点をもつことがわかる．

これを有限次元空間に一般化したのが，**ブラウアー(Brouwer)の不動点定理**といわれる定理である．

定理 9.1. R^n の有界な凸閉集合 Ω から自分自身への連続写像 f は，(Ω の中に)不動点をもつ．

注意 前節で述べた縮小写像の原理では，具体的に不動点を構成している．それに反して，このブラウアーの不動点定理は，定性的なものであって，不動点を実際に構成しているわけではない．

この定理の証明方法は幾通りかある．この章では，証明が幾分長いが(準備をあまり要しないため)解析的証明を与える．次章で写像度を用いた証明を示す．

証明の前に，ブラウアーの不動点定理の簡単な応用——代数学の基本定理の証明——を与えておこう．

応用例 9.2. 複素数を係数にもつ n 次の多項式 $P(z)=a_nz^n+\cdots+a_1z+a_0=0\ (a_n\neq 0)$ は必ず複素解をもつ．

証明 $a_n=1$ と仮定しても一般性を失わない．

$$R=2+|a_0|+\cdots+|a_{n-1}|$$

とおき，複素平面上の関数 f を，

$$f(z)=\begin{cases} z-\dfrac{P(z)}{R(e^{-i(n-1)\theta})^{|z|}} & (|z|\leqq 1) \\[2ex] z-\dfrac{P(z)}{Rz^{n-1}} & (|z|\geqq 1) \end{cases}$$

と定める($z=re^{i\theta}$，$i=\sqrt{-1}$)．f は連続関数である．f は原点を中心，半径 R の円 C : $C=\{z;\ |z|\leqq R\}$，を自分自身の中に写す．実際，$|z|\leqq 1$ ならば，

$$|f(z)|\leqq|z|+|P(z)|/R\leqq 1+(1+|a_0|+\cdots+|a_{n-1}|)R^{-1}<2<R.$$

$|z|\geqq 1$ ならば，($|z|\leqq R$ より)

$$|f(z)|=\left|z-\frac{z}{R}-\frac{a_{n-1}z^{n-1}+\cdots+a_0}{Rz^{n-1}}\right|$$

$$\leqq|z|(1-R^{-1})+(|a_{n-1}|+\cdots+|a_0|)R^{-1}$$

$$\leqq R(1-R^{-1})+(R-2)R^{-1}<R.$$

上のふたつの不等式により，f は C をそれ自身の中に写すことがわかる．明らかに，C は有界な凸閉集合であるから，ブラウアーの不動点定理が適用できて，f は C に不動点 z_0 をもつことがわかる：$f(z_0)=z_0$. これは，$P(z_0)=0$ を意味する．すなわち，z_0 は $P=0$ の根である．

定理 9.1 の証明　4段に分けて証明する．

（1）Ω が原点中心の球の場合に，定理を示せばよいこと．Ω を含む十分大きな球 $B=\{x; |x|\leqq R\}$ をとる．Ω は有界凸閉集合であるから，各 $x\in B$ に対して，

$$|x-y|=\min_{z\in\Omega}|x-z| \tag{9.1}$$

となる $y\in\Omega$ が存在する．$x_1, x_2\in B$ に対し，対応する y を y_1, y_2 とすると，Ω は凸より，$y_1+t(y_2-y_1)\in\Omega$ $(0\leqq t\leqq 1)$．よって，(9.1) より，

$$|x_2-(y_2+t(y_1-y_2))|^2\geqq|x_2-y_2|^2;$$

$$|x_1-(y_1+t(y_2-y_1))|^2\geqq|x_1-y_1|^2.$$

両辺を加えて2でわると，

$$t(x_2-x_1, y_2-y_1)-t|y_2-y_1|^2+t^2|y_1-y_2|^2\geqq 0.$$

両辺を t でわり，$t\to 0$ $(t>0)$ とすれば，

$$|y_1-y_2|^2\leqq(x_1-x_2, y_1-y_2)\leqq|x_1-x_2||y_1-y_2|.$$

これより，

$$|y_1-y_2|\leqq|x_1-x_2|. \tag{9.2}$$

もし $x_1=x_2$ ならば，必ず $y_1=y_2$ であるから，x に対し (9.1) を満たす y はただひとつしかないことがわかる．

$y=g(x)$ とおくと (9.2) は，

$$|g(x_1)-g(x_2)|\leqq|x_1-x_2|.$$

よって，g は連続である．

さて，$(f\circ g)(x)=f(g(x))$ は B を $\Omega(\subset B)$ に写す連続写像である．よっ

て，定理が球の場合に成立するとすれば，$f\circ g$ は B に不動点 x_0 をもつ.

$$(f\circ g)(x_0)=f(g(x_0))=x_0 \tag{9.3}$$

f の値域は Ω の中であるから，$x_0\in\Omega$. $x_0\in\Omega$ に対して $g(x_0)=x_0$ であるから，(9.3) より，$f(x_0)=x_0$. x_0 は f の不動点である．以下 Ω として B をとる.

（2） f が C^∞-関数の場合に定理を示せばよいこと．f を B を B に写す R^n 上の連続関数としてよい((1)における $f(g(x))$ を考えよ)．f を軟化する.

$$f_\varepsilon(x)=\int\rho_\varepsilon(x-y)f(y)dy=(\rho_\varepsilon * f)(x).$$

f_ε は B からそれ自身の中への C^∞-関数である．もし，C^∞-関数の場合に定理が示されたとすると，f_ε は B の中に不動点 $x_\varepsilon\in B$ をもつ．$f_\varepsilon(x_\varepsilon)=x_\varepsilon$. B はコンパクトより，$\{x_\varepsilon\}$ から収束する点列(それをやはり x_ε とかく)がとりだせる．その極限を x とすれば,

$$\begin{aligned}|f(x)-x|&\leqq|f(x)-f(x_\varepsilon)|+|f(x_\varepsilon)-f_\varepsilon(x_\varepsilon)|+|f_\varepsilon(x_\varepsilon)-x_\varepsilon|+|x_\varepsilon-x|\\&\leqq|f(x)-f(x_\varepsilon)|+\max_{y\in B}|f(y)-f_\varepsilon(y)|+|x_\varepsilon-x|.\end{aligned}$$

f は B 上連続であり，f_ε は f に一様収束するから，$x_\varepsilon\to x$ を用いると，上式の右辺はゼロに収束する．よって，$f(x)=x$. f は不動点をもつ．以下，$f\in C^\infty$ とする.

（3） $f(x)\neq x(\forall x\in B)$ と仮定して矛盾を導く．各 $x\in B$ に対して，$\lambda=\lambda(x)$ を二次方程式

$$|x+\lambda(x-f(x))|^2=R^2$$

すなわち

$$\lambda^2|x-f(x)|^2+2\lambda(x,x-f(x))+|x|^2-R^2=0$$

の非負根とする．具体的に次で与えられる:

$$\lambda(x)=\frac{\{-(x,x-f(x))+[(x,x-f(x))^2+(R^2-|x|^2)|x-f(x)|^2]^{1/2}\}}{|x-f(x)|^2}.$$

$\lambda(x)$ は B 上 C^∞-関数として定義される．実際，仮定より，$|x-f(x)|>0(\forall x\in B)$. [ ]$^{1/2}$ の内は B 上正の C^∞ 関数である．非負は明らかである．もしゼロとなれば．$f(x)\neq x$ であるから

$$(x,x-f(x))=0 \quad かつ \quad |x|=R.$$

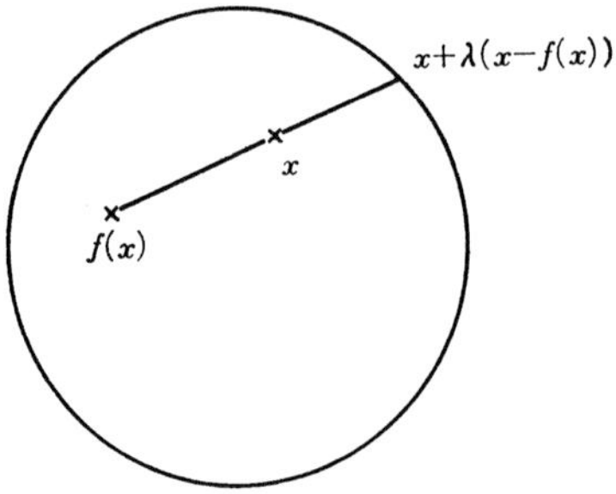

図 1

よって，

$$R^2=|x|^2=(x, f(x))\leqq|x||f(x)|\leqq R^2.$$

よって，$(x, f(x))=|x||f(x)|=|x|^2$. 故に，$|x-f(x)|^2=0$. これは，$f(x)\neq x\ (\forall x\in B)$ に反する．これより，$[\quad]^{1/2}$ の中は，正の C^∞-関数．よって $\lambda(x)$ は C^∞-関数として定義される．さらに，

(9.4) $$\lambda(x)=0 \qquad (|x|=R).$$

$$((x, x-f(x))\geqq 0 \text{ に注意})$$

さて，$[0,1]\times B$ から B への写像 φ を，

(9.5) $$\varphi(t, x)=x+t\lambda(x)(x-f(x)) \qquad (x\in B,\ 0\leqq t\leqq 1)$$

と定める．φ は C^∞-写像であって，次の性質をもつ：

(i) $$\varphi(0, x)=x \qquad (x\in B),$$

(ii) $$|\varphi(1, x)|=R \qquad (x\in B),$$

(iii) $$\frac{\partial}{\partial t}\varphi(t, x)=0 \qquad (|x|=R).$$

各 t に対し，変換 (9.5) のヤコビ(Jacobi)行列式を考える：

$$J_0(t, x)=\det\left(\frac{\partial\varphi(t, x)}{\partial x_1}, \cdots, \frac{\partial\varphi(t, x)}{\partial x_n}\right)$$

すなわち，n 個の列ベクトル $\partial\varphi(t, x)/\partial x_1, \cdots, \varphi(t, x)\partial/\partial x_n$ によってつくられる行列の行列式を $J_0(t, x)$ とする．

$$I(t)=\int_B J_0(t, x)\,dx$$

と定める．(i) より，

(9.6) $$I(0)=\int_B dx \neq 0.$$

(ii) より，$|\varphi(1,x)|^2=R^2$. これを x_j で微分すると，

$$\begin{bmatrix} \dfrac{\partial\varphi_1}{\partial x_1} & \cdots\cdots & \dfrac{\partial\varphi_n}{\partial x_1} \\ & \ddots & \\ \dfrac{\partial\varphi_1}{\partial x_n} & \cdots\cdots & \dfrac{\partial\varphi_n}{\partial x_n} \end{bmatrix} \begin{bmatrix} \varphi_1 \\ \vdots \\ \varphi_n \end{bmatrix} = 0 \qquad (t=1,\ x\in B)$$

$(\varphi=(\varphi_1,\varphi_2,\cdots,\varphi_n))$. $|\varphi(1,x)|=R$ であるから，上式は自明でない解をもつ. 故に，$J_0(1,x)=0$. よって，

(9.7) $$I(1)=0.$$

主張

(9.8) $$\frac{d}{dt}I(t)=0 \qquad (0\leqq t\leqq 1)$$

を次段で示す．これは (9.6), (9.7) に反する．矛盾である．よって，$f(x)\neq x\ (\forall x\in B)$ はありえない．不動点は存在する．

(4) (9.8) を，$n=2$ の場合に示す(一般の場合は，付録をみよ．方針は同じである)．

$$J_1(t,x)=\det\begin{bmatrix} \dfrac{\partial\varphi_1}{\partial t} & \dfrac{\partial\varphi_2}{\partial t} \\ \dfrac{\partial\varphi_1}{\partial x_2} & \dfrac{\partial\varphi_2}{\partial x_2} \end{bmatrix}; \qquad J_2(t,x)=\det\begin{bmatrix} \dfrac{\partial\varphi_1}{\partial x_1} & \dfrac{\partial\varphi_2}{\partial x_1} \\ \dfrac{\partial\varphi_1}{\partial t} & \dfrac{\partial\varphi_2}{\partial t} \end{bmatrix}$$

とおくと，行列式の微分の公式より，

$$\frac{\partial}{\partial t}J_0(t,x)=\det\begin{bmatrix} \dfrac{\partial^2\varphi_1}{\partial t\partial x_1} & \dfrac{\partial^2\varphi_2}{\partial t\partial x_1} \\ \dfrac{\partial\varphi_1}{\partial x_2} & \dfrac{\partial\varphi_2}{\partial x_2} \end{bmatrix} + \det\begin{bmatrix} \dfrac{\partial\varphi_1}{\partial x_1} & \dfrac{\partial\varphi_2}{\partial x_1} \\ \dfrac{\partial^2\varphi_1}{\partial t\partial x_2} & \dfrac{\partial^2\varphi_2}{\partial t\partial x_2} \end{bmatrix}$$

$$=\frac{\partial}{\partial x_1}J_1(t,x)+\frac{\partial}{\partial x_2}J_2(t,x).$$

よって，

$$\frac{d}{dt}I(t)=\int_B \frac{\partial}{\partial t}J_0(t,x)\,dx$$

$$=\sum_{j=1}^{2}\int_B \frac{\partial}{\partial x_j}J_j(t,x)\,dx=\sum_{j=1}^{2}\int_{|x|=R}J_j(t,x)\frac{x_j}{|x|}\,dS_x.$$

$|x|=R$ のとき，(iii) より，$J_j(t,x)=0$. これより (9.8) を得る．

§10. 角谷の反例

有限次元空間における不動点定理――ブラウアーの不動点定理――を無限次元空間に拡張したい．しかし，一般には成立しない．**角谷静夫の与えた反例を**示す．

可分なヒルベルト(Hilbert)空間 H の中に正規直交基 $\{e_0, e_1, \cdots\}$ をとると，H の任意の元 x は

$$x=\sum_{j=0}^{\infty}a_je_j \tag{10.1}$$

と表される．Ω として H の中の単位球

$$\Omega=\{x\in H;\ \|x\|\leqq 1\} \qquad (\|\ \ \| \text{ は } H \text{ のノルム})$$

をとり，Ω の中の写像 f を，

$$f(x)=(1-\|x\|^2)^{1/2}e_0+\sum_{j=1}^{\infty}a_{j-1}e_j \tag{10.2}$$

と定めると，$\|x\|^2=\sum_{j=0}^{\infty}|a_j|^2$ であるから，

$$\|f(x)\|^2=(1-\|x\|^2)+\sum_{j=1}^{\infty}|a_{j-1}|^2=1.$$

故に，$f(\Omega)\subset\Omega$. f は Ω 上連続写像である．実際，$\sum_{j=0}^{\infty}a_je_j$ を $\sum_{j=1}^{\infty}a_{j-1}e_j$ に写す写像は連続であり，$\|x\|^2$ も x につき連続であるからである．もし f が不動点 x をもつと仮定すれば，$f(x)=x$. 故に，(10.1) と (10.2) の右辺は等しい．したがって，

$$(1-\|x\|^2)^{1/2}=a_0;\qquad a_{j-1}=a_j\qquad (j=1,2,\cdots).$$

よって，

$$a_j=a_0=(1-\|x\|^2)^{1/2},\qquad j=0,1,\cdots.$$

他方，$\sum_{j=0}^{\infty}|a_j|^2<\infty$ であるから，$a_j=0$ $(j=0,1,\cdots)$. これは $x=0$ を意味する．他方，これは，$a_j=(1-\|x\|^2)^{1/2}$ に反する．不動点をもちえない．Ω は有界な凸閉集合であるから，これはブラウアーの不動点定理が無限次元空間に対

しては一般には成立しないことを示している.

§11.　シャウダーの不動点定理

前節の角谷の反例が示す通り，ブラウアーの不動点定理はそのままの形では無限次元空間において成立しない.

シャウダー(Schauder)は次の**シャウダーの不動点定理**を与えた.

定理 11.1.　Ωを，ノルム空間Xの中の空でない凸集合とする．もしfがΩからあるコンパクト集合$K(\subset\Omega)$への連続写像ならば，fはΩの中に不動点をもつ.

系 11.2.　もしfが，ノルム空間Xの中の有界な凸閉集合Ωから自分自身へのコンパクトな写像ならば，fはΩの中に不動点をもつ

証明　定理 11.1 の中のKとして，$f(\Omega)$の閉包をとればよい.

系 11.3　もしfがノルム空間Xの中のコンパクトな凸集合Ωから自分自身への連続写像ならば，fはΩの中に不動点をもつ.

証明　定理 11.1 の中のKとして，$f(\Omega)$の閉包をとればよい.

定理 11.1 の証明　補題を準備する.

補題 11.4.　Kを定理 11.1 の通りとする．任意の正数εに対して，Kの点$x_1, x_2, \cdots, x_m$を適当にとれば，

$$\|Px-x\|<\varepsilon \qquad (x\in K) \tag{11.1}$$

を満たす，Kから$x_1, x_2, \cdots, x_m$の凸包$\mathrm{conv}[x_1, x_2, \cdots, x_m]$への連続写像$P$が存在する($P$を**シャウダー射影作用素**という).

補題の証明　Kは仮定によってコンパクトであるから，

$$K\subset\bigcup_{j=1}^{m} B\left(x_j, \frac{1}{2}\varepsilon\right)$$

となるKの点$x_1, x_2, \cdots, x_m$が存在する．ここで$B(x_j, \varepsilon/2)$は，x_jを中心，半径$\varepsilon/2$のXにおける開球を表す．また，

$$\mu_j(x)=\max\left\{1-\frac{2}{\varepsilon}\|x-x_j\|, 0\right\}$$

および，

$$\mu(x)=\sum_{j=1}^{m}\mu_j(x)$$

とおく．各 $x\in K$ に対して，$\mu_j(x)>0$ となる j が少なくともひとつ存在する．$\mu_i(x)\geqq 0$ $(\forall i)$ は明らかであるから，$\mu(x)>0$ $(x\in K)$．$\|x-x_j\|$ は x について連続であるから，$\mu_j(x)$，したがって $\mu(x)$ は x について連続である．故に，$\lambda_j(x)\equiv\mu_j(x)/\mu(x)$ も K 上連続であって，

$$\lambda_j(x)\geqq 0,\qquad \sum_{j=1}^{m}\lambda_j(x)=1. \tag{11.2}$$

さて，P を

$$Px=\sum_{j=1}^{m}\lambda_j(x)x_j\qquad(x\in K) \tag{11.3}$$

と定めると，$x_j\in K$ と (11.2) より，P は K から $\mathrm{conv}[x_1,x_2,\cdots,x_m]$ への連続写像となる．(11.1) を満たすことを示そう．

$$Px-x=\sum_{j=1}^{m}\lambda_j(x)(x_j-x)$$

より，

$$\|Px-x\|\leqq\sum_{j=1}^{m}\lambda_j(x)\|x_j-x\|. \tag{11.4}$$

もし $\|x-x_j\|>\varepsilon/2$ ならば，$\mu_j(x)=0$，したがって $\lambda_j(x)=0$ であるから，(11.4) の右辺は，$\|x-x_j\|<\varepsilon/2$ なる j についての和を考えればよい．故に，

$$\|Px-x\|\leqq\frac{1}{2}\varepsilon\sum_{j=1}^{m}\lambda_j(x)=\frac{1}{2}\varepsilon.$$

これは (11.1) の成立を示している．

定理の証明に入ろう．上の補題より，任意の正数 ε に対して K の有限個の点 $x_1,x_2,\cdots,x_m$ の凸包 $K_{\mathrm{conv}}\equiv\mathrm{conv}[x_1,x_2,\cdots,x_m]$ と，(11.1) を満たす K から K_{conv} への連続写像 P が存在する．仮定より Ω は凸で，$K\subset\Omega$ であるから，$K_{\mathrm{conv}}\subset\Omega$．$R^m$ の有界閉集合

$$S=\{\sigma=(\sigma_1,\cdots,\sigma_m);\ \sum_{j=1}^{m}\sigma_j=1,\sigma_j\geqq 0(j=1,2,\cdots,m)\}$$

から K_{conv} への写像 J を

$$J\sigma=\sum_{j=1}^{m}\sigma_j x_j$$

と定めると連続．有界凸閉集合 S から自分自身への写像 g を

$$g(\sigma)=(\lambda_1(f(J\sigma)),\lambda_2(f(J\sigma)),\cdots,\lambda_m(f(J\sigma)))$$

と定めると連続な写像となる($\lambda_j(x)$ は補題の証明中に定義されている). ブラウアーの不動点定理より, g は不動点 σ^ε を S の中にもつ: $g(\sigma^\varepsilon)=\sigma^\varepsilon$. すなわち,

$$\lambda_j(f(J\sigma^\varepsilon))=\sigma_j{}^\varepsilon \qquad (\sigma^\varepsilon \text{ の } j \text{ 成分}).$$

故に,

$$P(f(J\sigma^\varepsilon))=\sum_{j=1}^{m}\lambda_j(f(J\sigma^\varepsilon))x_j=\sum_{j=1}^{m}\sigma_j{}^\varepsilon x_j=J\sigma^\varepsilon.$$

$x_\varepsilon=J\sigma^\varepsilon$ とおくと, 上式より, この x_ε は $P(f(x))$ の不動点である. $x_\varepsilon\in K_{\mathrm{conv}}\subset\Omega$ であるから, $f(x_\varepsilon)\in K$. 故に, (11.1)より,

$$\|x_\varepsilon-f(x_\varepsilon)\|=\|P(f(x_\varepsilon))-f(x_\varepsilon)\|<\varepsilon.$$

$\{f(x_\varepsilon)\}$ はコンパクト集合 K の中の点列であるから, $\varepsilon\to 0$ のとき, 点列 $\{f(x_\varepsilon)\}$ から収束する部分列 $\{f(x_{\varepsilon'})\}$ がとりだせる. その極限を x_0 とすれば, $x_0\in K$ であって $\|x_{\varepsilon'}-x_0\|\leqq\|x_{\varepsilon'}-f(x_{\varepsilon'})\|+\|f(x_{\varepsilon'})-x_0\|\leqq\varepsilon'+\|f(x_{\varepsilon'})-x_0\|$. $\varepsilon'\to 0$ のとき, 上式の右辺はゼロに収束するから, $x_{\varepsilon'}\to x_0$. f は仮定より連続であるから, $f(x_{\varepsilon'})\to f(x_0)$. もともと $f(x_{\varepsilon'})$ は x_0 に収束しているのであるから, $f(x_0)=x_0$. x_0 は f の不動点である. □

§12*. 諸　結　果

シャウダーの不動点定理の拡張を述べよう.

12.1. ローテの不動点定理

f が Ω からそれ自身の中への写像とはかぎらぬ場合次の定理がある.

定理 12.1. f を, ノルム空間 X の有界閉凸部分集合 Ω から, X へのコンパクト写像とする. もし Ω の境界 $\partial\Omega$ の f による像 $f(\partial\Omega)$ が Ω に含まれるならば, f は Ω の中に不動点をもつ.

証明 Ω が原点中心, 半径 R の閉球の場合に対してのみ証明を示しておこう. X から Ω の上への引きこみ写像(retract) r を,

$$r(x)=\begin{cases} x & (x\in\Omega) \\ R\dfrac{x}{\|x\|} & (x\notin\Omega) \end{cases}$$

と定めると，

(i) r は X から Ω の上への連続写像;

(ii) $\|r(x)\|<R$ ならば $r(x)=x$;

(iii) $\|x\|>R$ ならば $r(x)\in\partial\Omega$.

仮定より，写像 $f:\Omega\to X$ はコンパクト．写像 $r:X\to\Omega$ は連続より，合成写像 $r\circ f:\Omega\to\Omega$ はコンパクト．故に，シャウダーの不動点定理より，$r\circ f$ は Ω の中に不動点 x をもつ．

(12.1) $$(r\circ f)(x)=r(f(x))=x.$$

もし $f(x)\in\Omega$ ならば，(12.1) と (ii) より，$f(x)=x$．もし $f(x)\notin\Omega$ ならば，$r(f(x))\in\partial\Omega$．(12.1) の右辺 x は，したがって，$\partial\Omega$ に入る．仮定より $f(x)\in\Omega$．矛盾である．故に，上の x は f の (Ω の中の) 不動点である．

12.2. 不動点延長定理

f の不動点の存在を示すのに，パラメータ $t\,(0\leqq t\leqq 1)$ と $f(x,t)$ を導入して，各 t に対して，次を考える:

(12.2) $$f(x,t)=x.$$

ただし，$f(x,1)=f(x)$．$t=0$ のとき，すなわち $f(x,0)$ が不動点をもつならば，$t=0$ のときの不動点が t に関して延長されて $t=1$ のとき，すなわち $f(x,1)$ も不動点をもつことがしばしば起こる．これに関して次の定理がある．

定理 12.2. Ω を X の有界閉凸部分集合，K を X のコンパクトな部分集合とする．連続写像 $f(x,t):\Omega\times[0,1]\to K$ が次の仮定を満たすとする:

仮定 1. $\{f(x,0):x\in\partial\Omega\}\subset\Omega$;

仮定 2. 各 $t\,(0\leqq t\leqq 1)$ に対し $f(x,t)$ は x の写像として，$\partial\Omega$ の上に不動点をもたない．

このとき，$f(\cdot,1):\Omega\to X$ は Ω の中に不動点をもつ．

証明 Ω がもし内点をもたないならば，$\partial\Omega=\Omega$ となるから，仮定1より，$f(\cdot,0)$ は不動点を Ω に，したがって $\partial\Omega$ にもつ．これは仮定2に反する．故に，Ω は内点をもつ．原点が内点と仮定しても一般性を失わない．$f(\cdot,1)$ が不動点をもたないと仮定して矛盾を導こう．Ω の**ミンコフスキー(Minkowski) 汎関数**を $g(x)$ とする(付録§A):

$$g(x)=\inf_{\substack{\lambda x\in\Omega\\ \lambda>0}}\lambda^{-1}.$$

任意の $\varepsilon>0$ に対して，写像 $h_\varepsilon: \Omega\to X$ を，

$$h_\varepsilon(x)=\begin{cases} f(x/(1-\varepsilon), 1) & (g(x)\leqq 1-\varepsilon \text{ のとき}) \\ f(x/g(x),\ (1-g(x))/\varepsilon) & (1-\varepsilon\leqq g(x)\leqq 1 \text{ のとき}) \end{cases}$$

と定める．$x\in\partial\Omega$ ならば，$g(x)=1$ であるから，仮定1より，

$$h_\varepsilon(x)=f(x,0)\in\Omega \qquad (x\in\partial\Omega).$$

すなわち，$h_\varepsilon(\partial\Omega)\subset\Omega$. 他方，$h_\varepsilon(x)$ は，仮定よりコンパクト．故に，ローテ(Rothe)の定理によって，$h_\varepsilon(x)$ は不動点 x_ε をもつ．

（1） $\varepsilon\to 0$ のとき，$g(x_\varepsilon)\leqq 1-\varepsilon$ となる不動点 x_ε が可算個存在する場合(そのような ε をやはり ε で表す)そのとき $x_\varepsilon/(1-\varepsilon)\in\Omega$ であって，

$$f\left(\frac{x_\varepsilon}{1-\varepsilon},\ 1\right)=x_\varepsilon. \tag{12.3}$$

$f(\cdot,1)$ はコンパクトであるから，有界列 $\{x_\varepsilon/(1-\varepsilon)\}$ の $f(\cdot,1)$ による像から，収束する部分列がとりだせる．したがって，(12.3) の右辺の点列 $\{x_\varepsilon\}$ から収束する部分列（$\{x_\varepsilon\}$ とかく）がとりだせる．その極限を x とすれば，$x_\varepsilon/(1-\varepsilon)$ は x に収束する．(12.3)より，

$$f(x,1)=x.$$

$g(x_\varepsilon)\leqq 1-\varepsilon$ より，$g(x)\leqq 1$. よって，$x\in\Omega$. $f(\cdot,1)$ は不動点をもつ．

（2） $g(x_\varepsilon)\leqq 1-\varepsilon$ となる不動点が可算個は存在しない場合．このとき，

$$1-\varepsilon\leqq g(x_\varepsilon)\leqq 1$$

となる不動点が少なくとも可算個(それを x_ε とかく)存在しなければならない．よって，

$$f(x_\varepsilon/g(x_\varepsilon),\quad (1-g(x_\varepsilon))/\varepsilon)=x_\varepsilon. \tag{12.4}$$

$\{(1-g(x_\varepsilon))/\varepsilon\}$ は有界より，収束する部分列をもつ．その極限を t としよう(対応する $\{x_\varepsilon\}$ をやはり $\{x_\varepsilon\}$ とかく)．$f(\cdot,\cdot)$ はコンパクト写像であるから，$\{f(x_\varepsilon/g(x_\varepsilon),\ (1-g(x_\varepsilon))/\varepsilon)\}$ から，したがって(12.4)より，$\{x_\varepsilon\}$ から収束する部分列(それをまた $\{x_\varepsilon\}$ とかく)が存在する．その極限を x とする．$\varepsilon\to 0$ であるから，$1-\varepsilon\leqq g(x_\varepsilon)\leqq 1$ より，$g(x_\varepsilon)\to 1$. g の連続性より，

$$g(x)=\lim_{\varepsilon\to 0} g(x_\varepsilon)=1.$$

よって，$x\in\partial\Omega$．また，

$$\lim_{\varepsilon\to 0} x_\varepsilon/g(x_\varepsilon)=x.$$

故に，

$$f(x,t)=\lim_{\varepsilon\to 0} f(x_\varepsilon/g(x_\varepsilon),\ (1-g(x_\varepsilon))/\varepsilon)$$
$$=\lim_{\varepsilon\to 0} x_\varepsilon=x.$$

すなわち，$f(\cdot,t)$ は $\partial\Omega$ に不動点をもつ．これは仮定に反する．(2)の場合はありえない．よって，$f(\cdot,1)$ は不動点を Ω でもつ．　□

§13.　応用．常微分方程式の解の存在定理

次の常微分方程式の初期値問題

(13.1)　$$\frac{dy}{dt}=g(y,t);\qquad y(t_0)=y_0$$

を考える．ここで，g は矩形閉領域 D：

$$D=\{(y,t);\ t_0\leqq t\leqq t_0+a,\ |y-y_0|\leqq b\}$$

上定義され，y,t に関して連続な m 次元ベクトル値関数であって，さらに，**リプシッツ**(Lipschitz)**条件**：

(13.2)　$$|g(y,t)-g(y',t)|\leqq L|y-y'|\qquad ((y,t),\ (y',t)\in D)$$

を満たすと仮定する．L は定数．

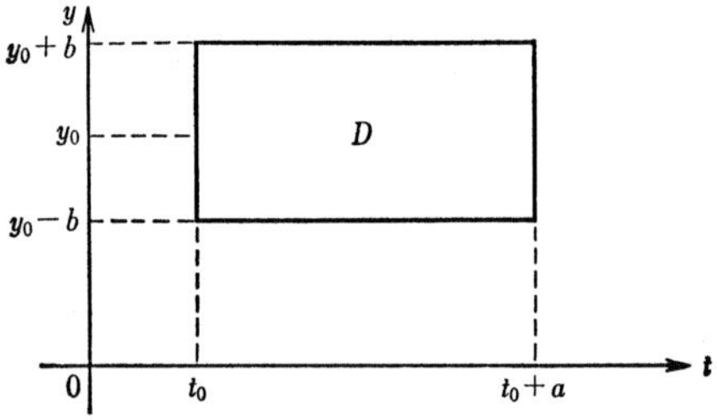

図 2

このとき，常微分方程式論で基本的な次の存在定理が成り立つ．

定理 13.1.　g を上の通りとする．このとき，常微分方程式(13.1)は，$[t_0, t_0+a']$ で，ただひとつの解をもつ．ここで，

$$M=\max_{(t,y)\in D}|g(y,t)|; \qquad a'=\min\left\{a, \frac{b}{M}\right\}.$$

証明 微分方程式(13.1)は，積分方程式

$$y(t)=y_0+\int_{t_0}^{t} g(y(s),s)\,ds \tag{13.3}$$

に同値である．$|y-y_0|\leqq b$ を満たす区間 $[t_0, t_0+a']$ 上連続な m-ベクトル値関数の全体を X とする．X に距離

$$d(y_1,y_2)=\max_{t_0\leqq t\leqq t_0+a'} e^{-2L(t-t_0)}|y_1(t)-y_2(t)|$$

を導入すれば，X は完備な距離空間となる．X の中の作用素 f を

$$f(y)(t)=y_0+\int_{t_0}^{t} g(y(s),s)\,ds$$

と定めると，この f は X から自分自身への写像である．実際，$y\in X$ より，関数 $g(s,y(s))$ は，区間 $[t_0, t_0+a']$ 上の連続関数として意味をもつ．したがって，$f(y)(t)$ は，区間 $[t_0, t_0+a']$ 上の連続関数となる．しかも，

$$\begin{aligned}|f(y)(t)-y_0| &\leqq \int_{t_0}^{t}|g(y(s),s)|\,ds\\ &\leqq M(t-t_0).\end{aligned}$$

$|t-t_0|\leqq a'\leqq b/M$ であるから，結局 $|f(y)(t)-y_0|\leqq b$ を得て，$f(y)\in X$.

任意の $y_1, y_2\in X$ に対して，

$$f(y_1)(t)-f(y_2)(t)=\int_{t_0}^{t}[g(y_1(s),s)-g(y_2(s),s)]\,ds.$$

(13.2)を用いると，

$$\begin{aligned}e^{-2L(t-t_0)}|f(y_1)(t)-f(y_2)(t)| &\leqq L\int_{t_0}^{t} e^{-2L(t-s)}\cdot e^{-2L(s-t_0)}|y_1(s)-y_2(s)|\,ds\\ &\leqq \frac{1}{2}d(y_1,y_2)\end{aligned}$$

より，

$$d(f(y_1),f(y_2))\leqq\frac{1}{2}d(y_1,y_2).$$

系8.2を適用すると，f は X の中に不動点 y をただひとつもつ：

$$y(t)=y_0+\int_{t_0}^{t} g(y(s),s)\,ds.$$

これが求める(13.1)の解である． □

Λ を R^n の開集合とする．パラメータ $\lambda(\in\Lambda)$ に依存する常微分方程式

$$(13.4)\qquad \frac{dy}{dt}=g(y,t;\lambda),\qquad y(t_0)=y_0$$

を考える．ただし，g は $D\times\bar{\Lambda}$ 上連続であって，一様リプシッツ条件を満たす．

$$|g(y,t;\lambda)-g(y',t;\lambda)|\leqq L|y-y'|\qquad ((y,t,\lambda),(y',t,\lambda)\in D\times\bar{\Lambda}).$$

ただし

$$D=\{(y,t);\ t_0\leqq t\leqq t_0+a,\ |y-y_0|\leqq b\}.$$

このとき，

定理 13.2. (13.4)は区間 $[t_0, t_0+a']$ でただひとつ解 $y=y(t;\lambda)$ をもち，これは t,λ について連続である．ここで

$$M=\max_{\substack{(y,t)\in D\\ \lambda\in\Lambda}}|g(y,t;\lambda)|;\qquad a'=\min\left\{a,\frac{b}{M}\right\}.$$

証明 定理13.1の証明と同様である．系8.3を適用すればよい． □

§14. 応用．常微分方程式の解の存在定理（つづき）

リプシッツ条件を仮定せずに，常微分方程式の初期値問題 (14.1) の存在定理――**ペアノ (Peano) の存在定理**――を，系11.2の応用として導こう．

定理 14.1. 初期値問題 (14.1)：

$$(14.1)\qquad \frac{dy}{dt}=g(y,t);\qquad y(t_0)=y_0$$

において，g は D において連続とする．ただし

$$D=\{(y,t);\ t_0\leqq t\leqq t_0+a,\ |y-y_0|\leqq b\}.$$

このとき，(14.1) の解は閉区間 $[t_0, t_0+a']$ において存在する．ここで，

$$M=\max_{(y,t)\in D}|g(y,t)|;\qquad a'=\min\left(a,\frac{b}{M}\right).$$

証明 連続写像 $y:[t_0,t_0+a']\to \boldsymbol{R}^m$ の全体に，ノルム

$$\|y\|=\max_t|y(t)|\qquad (t_0\leqq t\leqq t_0+a')$$

を入れるとバナッハ空間 X となる．中心 y_0，半径 b の閉球

$$B(y_0,b)=\{y\in X;\ \|y-y_0\|\leqq b\}\qquad (\equiv B)$$

は X の有界な凸閉集合となり，B 上の写像 f を，

$$f(y)(t)=y_0+\int_{t_0}^{t} g(y(s),s)\,ds$$

と定義すれば，この f は B から B への連続写像となる(各自確かめよ)．さらに，一様有界かつ同程度連続である．実際，

$$\|f(y)\| \leqq \|y_0\|+\|f(y)-y_0\| \leqq |y_0|+b \qquad (\forall y \in B)$$

より，一様有界．

$$f(y)(t)-f(y)(t')=\int_{t'}^{t} g(y(s),s)\,ds$$

より，同程度連続性は，

$$|f(y)(t)-f(y)(t')| \leqq \left|\int_{t'}^{t} |g(y(s),s)|\,ds\right| \leqq M|t-t'|$$

であるから．よって，アスコリ・アルゼラの定理より，$f(B)$ はプレ・コンパクト．故に，系 11.2 より，f は B の中に不動点 y をもつ．これは積分方程式の解であるから，(14.1) の解でもある．　□

§15.　応用．交流回路(周期解の存在)

図 3 のごとき，起電力 E，蓄電器 C，抵抗 R，とコイルを直列につないだ電流回路を考える．コイルは，自己誘導磁束の飽和曲線：$i=h(\varphi)$　(i：電流)

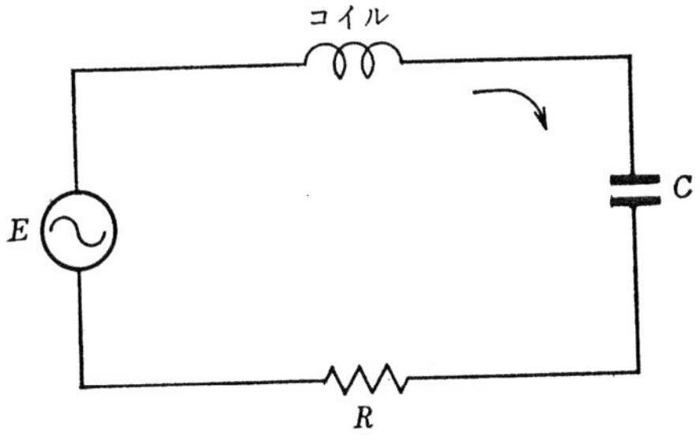

図 3

によって特徴づけられる．ただし，h は，奇数次数の多項式で $\varphi h(\varphi)>0\ (\varphi \neq 0)$ とする．このとき，上の回路を流れる電荷 Q は，

(15.1)
$$\frac{d^2Q}{dt^2}+g'(Q)\frac{dQ}{dt}+f(Q)=E(t)$$

で支配される．ここで $f(Q)=Rh(Q)$，$g(Q)=h(Q)/C$．非定常電流の回路理論で特に重要なのは，起電力が正弦的に変わる場合である．すなわち，

(15.2)　$$E=E_0\cos\omega t \qquad (E_0 \text{ は定数}).$$

この場合，電流も同じ周期で時間と共に変化することが期待される．時間と共に周期的に変化する電流を交流と呼んでいる．

ブラウアーの不動点定理より，次が示される．

定理 15.1.　(15.2)の場合，(15.1) は周期 $2\pi/\omega$ の周期解が存在する．

証明　h は1次なら(15.1)は線型となるから3次以上としてよい．

$$Q=x; \qquad \frac{d}{dt}x+g(x)=y; \qquad T=\frac{2\pi}{\omega}$$

とおくと，(15.1) は，同値な微分方程式系

(15.3)　$$\begin{cases} \dfrac{dx}{dt}+g(x)=y \\[2ex] \dfrac{dy}{dt}+f(x)=E(t) \end{cases}$$

に帰着される．$b=1/RC$ とおき，a を $ab>1$ なる正数とする．任意の正数 r に対して，楕円曲線

$$ax^2-2xy+by^2=2r$$

で囲まれた (x,y)-平面の領域を D_r とする．このとき，次の補題が示される．

補題 15.2.　r を十分大きくとると，任意の $z_0=(x_0,y_0)\in D_r$ に対して，(x_0,y_0) を初期値にもつ (15.3) の解 $z=(x,y)$ は大域的に存在して，$z\in D_r$ となる．

この補題は後で示す．対応 $z_0=(x_0,y_0)\in D_r\to z(T)=(x(T),y(T))\in D_r$ は D_r から D_r の写像 S を定める：

$$Sz_0=z(T)$$

常微分方程式の解は初期値に関して連続的に依存しているから，S は D_r からそれ自身の中への連続写像である．ブラウアーの定理より，S は不動点 $z=(x,y)$ を D_r の中にもつ．すなわち，$x(0)=x(T)$，$y(0)=y(T)$ となる (15.3) の解が存在する．$E(t)$ が周期 T をもつから，$z(t+T)$ も，初期値 $(x(0),\ y(0))$ をもつ (15.3) の解である．解の一意性より，$z(t+T)=z(t)$．かくして $(x(t),$

$y(t)$) は周期 T をもつ解，すなわち，$x=Q$ は (15.1) の周期 T をもつ解となる.

補題の証明 $\zeta=(\xi,\eta)$ に対して，

$$V(\zeta)=a\xi^2-2\xi\eta+b\eta^2$$

とおく．$(\xi,\eta)\notin[-N,N]\times[-N,N]$ ならば，

$$-\frac{2}{b}(ab-1)\xi g(\xi)-2\eta^2+2a\xi\eta-2E\xi+2bE\eta\,(\equiv W(\xi,\eta))<0 \tag{15.4}$$

くらいに大きく N をとる．このような N の存在は，

$$(15.4)\text{ の左辺}\leqq -2\frac{ab-1}{b}\xi g(\xi)+a^2\xi^2-\eta^2-2E\xi+2bE\eta$$

の不等式と，$g(\xi)$ の ξ についての最高階の次数は，少なくとも 3 次であることからわかる．D_r が $[-N,N]\times[-N,N]$ を内部に含むくらいに r を大きくとると，この D_r が所要の性質をもつことが示される．実際，任意の $(x_0,y_0)\in D_r$ に対し，これを初期値にもつ (15.3) の解

$$z(t)=(x(t),y(t))$$

を考える．

大域解が存在しないか，存在しても $z(t)\in D_r$ ($\forall t\geqq 0$) とならないと仮定すると，ある $t=t^*$ において，$z(t^*)$ は D_r の外にある．

$$V(z(t^*))=2r'$$

とおくと，$r'>r$．$V(z(t))=2r'$ となる最小の t を t_1 とし，$V(z(t))=2r$ となる最大の $t\,(0<t<t_1)$ を t_0 とする．このとき，

$$z(t)\in D_{r'}-D_r\subset D_{r'}-[-N,N]\times[-N,N] \qquad (t_0<t<t_1).$$

これより，

$$\frac{d}{dt}V(z(t))<0 \qquad (t_0<t<t_1) \tag{15.5}$$

が示される．もしこれが示されたとすると，

$$2r'-2r=V(z(t_1))-V(z(t_0))=\int_{t_0}^{t_1}\frac{d}{ds}V(z(s))\,ds<0$$

となり，$r'>r$ に反する．よって，$z(t)\in D_r$ $(0\leqq t<\infty)$.

(15.5)の証明　$z=(x,y)$ は(15.3)の解より

$$\frac{d}{dt}V(z(t))=2ax(t)x'(t)-2x'(t)y(t)-2x(t)y'(t)+2by'(t)y(t)$$
$$=W(x(t),\ y(t))<0.$$

ここで，(15.4) と $g=bf$ を用いた.

§16.　応用．楕円型方程式の解の存在

D を R^3 のなめらかな境界をもつ有界領域とする．D において楕円型方程式の境界値問題

(16.1)
$$\begin{cases} \Delta u+u\dfrac{\partial u}{\partial x_1}=w & (D\text{ の中で}) \\ u=0 & (D\text{ の境界上}) \end{cases}$$

の解の存在を，定理 12.2 の応用として示そう

命題 16.1. 任意の $w\in L^2(D)$ に対して，

(16.2)
$$\begin{cases} \Delta u=w & (D\text{ の中で}) \\ u=0 & (D\text{ の境界上}) \end{cases}$$

の解は，$H^2(D)\cap H_0^1(D)$ の中に一意的に存在する（線型偏微分方程式の性質として，知られている(溝畑［6］，p. 201))．よって，この解を

$$u=L[w]$$

と表すと，L は $L^2(D)$ から $H^2(D)$ への有界作用素である(問題とする).

(16.3)
$$\|u\|_{H^2}\leqq\|L\|\|w\|_{L^2}.$$

(16.1) を解く代わりに((16.1)の両辺に L を作用させよ)，

(16.4)
$$u+L\left[u\frac{\partial u}{\partial x_1}\right]=L[w]$$

の解の存在を示す．定理 12.2 を適用するための準備をしよう．まず，$X=H^2(D)\cap H_0^1(D)$[1] ととる．次に

$$\Omega=\{u\in X;\ \|u\|_X\leqq R\}$$

と Ω を定めるとこれは X の中の閉凸領域である(R はあとで決める正のパラメータ)．f として

1)　X のノルムは $H^2(D)$ から誘導されたノルム.

(16.5)　$$f(u,t)=L[w]-tL\left[u\frac{\partial u}{\partial x_1}\right] \qquad (0\leqq t\leqq 1,\ u\in X).$$

ソボレフの埋蔵定理より，$G(u)\equiv u(\partial u/\partial x_1)$ は X から $L^2(D)$ へのコンパクト写像となる(各自確かめよ.)．$L[u(\partial u/\partial x_1)]$ は，それ故に，X から X へのコンパクト写像である．故に，$f(u,t)$ は $\Omega\times[0,1]$ を X のコンパクト集合の中に写す連続写像である．

定理 12.2 の仮定 1 を確かめよう．

$$f(u,0)=L[w]$$

であるから，$R>\|L\|\|w\|_{L^2}$，と R をとれば仮定 1 が満たされる．

仮定 2 を確かめよう．ある t で $\partial\Omega$ 上 $f(u,t)$ が不動点 u をもったと仮定する．このとき，$u=f(u,t)$ であるから，(16.5) より，

(16.6)　$$\begin{cases} \Delta u+tu\dfrac{\partial u}{\partial x_1}=w & (D\text{ の中}) \\ u=0 & (D\text{ の境界上}) \end{cases}$$

を満たす．u と内積をとると，

$$\|\nabla u\|_{L_2}^2=-(w,u)_{L_2}\leqq\|w\|_{L^2}\|u\|_{L^2}$$

を得る．ポアンカレの不等式[1)]

$$\|u\|_{L^2}\leqq M_0\|\nabla u\|_{L^2}$$

より，

$$\|\nabla u\|_{L^2}\leqq M_0\|w\|_{L^2};\qquad \|u\|_{L^2}\leqq M_0^2\|w\|_{L^2}.$$

ソボレフの不等式より，

$$\|u\|_{L^6}\leqq M_1\|\nabla u\|_{L^2}\leqq M_1M_0\|w\|_{L^2}$$

となる．故に，u^3 を (16.6) にかけて積分すれば

$$3\sum_{j=1}^{3}\|u\frac{\partial u}{\partial x_j}\|_{L^2}^2=-(w,u^3)_{L^2}\leqq\|w\|_{L^2}\|u\|_{L^6}^3$$
$$\leqq M_1^3M_0^3\|w\|_{L^2}^4.$$

故に，

(16.7)　$$\|u\frac{\partial u}{\partial x_1}\|_{L^2}\leqq M_2\|w\|_{L^2}^2 \qquad \left(M_2=\left(\frac{M_1^3M_0^3}{3}\right)^{1/2}\right)$$

を得る．したがって，(16.3)，(16.4)，(16.7) より

1) 付録をみよ．

$$\|u\|_X \leqq \|L\|\|w\|_{L^2} + \|L\|\left\|u\frac{\partial u}{\partial x_1}\right\|_{L^2}$$
$$\leqq \|L\|(\|w\|_{L^2} + M_2\|w\|_{L^2}^2).$$

よってRを

$$R > \|L\|(\|w\|_{L^2} + M_2\|w\|_{L^2}^2)$$

くらい大きくとれば，($\|u\|_X = R$ に対して)，上式は成立しえない．故に，Ω の境界：$\|u\|_X = R$ 上に $f(u,t)$ は不動点をもちえない．定理 12.2 より，写像 $f(u,1)$ は Ω の中に不動点をもつ．この不動点が求める解であることは明らかである．

§17*．応用．不変部分空間の存在

本題とは幾分はずれるが，不動点定理の思いがけない応用例として，ロモノソフ(Lomonosov)による次の定理を示そう．結果も大切である．

定理 17.1. Xを複素バナッハ空間，Kを恒等作用素のスカラー倍でないXの中のコンパクトな線型作用素，$\mathcal{A} = \{A \in \mathcal{L}(X);\ AK = KA\}$ とする．このとき，$\mathcal{A}$ は自明でない不変部分空間をもつ．すなわち，すべての $A \in \mathcal{A}$ に対し $AX_0 \subset X_0$ となる X の閉部分空間 X_0 ($0 \subsetneqq X_0 \subsetneqq X$) が存在する．

証明　定理が正しくないとして矛盾を導く．$K \neq 0$ より，$\|K\| = 1$ と仮定してもよい．$\|Kx_0\| > 1$ なる $x_0 \in X$ を選び，$B = \{x \in X \mid \|x - x_0\| < 1\}$ とおく．$\|K\| = 1$ より，$0 \notin B$．より詳しく，

$$\inf_x \|Kx\| > 0 \qquad (x \in B) \tag{17.1}$$

が成立．実際，$Kx = Kx_0 + K(x - x_0)$ より，$x \in B$ に対して，

$$\|Kx\| \geqq \|Kx_0\| - \|K(x - x_0)\| \geqq \|Kx_0\| - \|K\|\|x - x_0\|$$
$$\geqq \|Kx_0\| - 1 > 0$$

であるからである．さらに，

$$\overline{K(B)} \subset \bigcup_{A \in \mathcal{A}} W_A. \tag{17.2}$$

ここに，$W_A = \{x \in X \mid \|Ax - x_0\| < 1\}$．実際，すべての $A \in \mathcal{A}$ に対して $\|Ax_1 - x_0\| \geqq 1$ となる $x_1 \in \overline{K(B)}$ が存在したと仮定しよう．$Y = \overline{\{Ax_1 \mid A \in \mathcal{A}\}}$ とおくと部分空間となる．$x_1 \in \overline{K(B)}$ であるから，(17.1) より，$x_1 \neq 0$．故に，Y

$\neq \{0\}$．$x_0 \notin Y$ であるから，$Y \neq X$．したがって Y は自明でない．

すべての $A_1, A_2 \in \mathcal{A}$ に対して $A_1 \cdot A_2 \in \mathcal{A}$ より，$\{Ax_1 | A \in \mathcal{A}\}$ は，すべての $A \in \mathcal{A}$ に対し不変な X の部分集合である．故に，不変な部分集合の閉包である Y は自明でない不変な閉部分集合である．仮定に反する．故に，(17.2)が成立．

$\overline{K(B)}$ はコンパクトであるから，有限被覆が存在する．すなわち，適当に $A_1, A_2, \cdots, A_n \in \mathcal{A}$ をとれば，任意の $y \in \overline{K(B)}$ はどれかの W_{A_j} に入る．f を

$$f(t) = 1 - t \quad (0 \leqq t \leqq 1); \qquad = 0 \qquad (t \geqq 1)$$

と定め，これを用いて，φ を

$$(17.3) \qquad \varphi(y) = \sum_{i=1}^{n} \lambda_i(y) A_i y \qquad (y \in \overline{K(B)}), \qquad \lambda_i(y) = f(\|A_i y - x_0\|) / \sum_{j=1}^{n} f(\|A_j y - x_0\|)$$

と定めると，φ は明らかに連続．故に，$\varphi(\overline{K(B)})$ はコンパクト．$\|A_i y - x_0\| \geqq 1$ ならば $\lambda_i(y) = 0$ であるから，(17.3) における和は，$\|A_i y - x_0\| < 1$ となる i についてのみ和をとればよい．このとき，$A_i y \in B$．$\varphi(y)$ は B の点 $A_i y$ の凸結合である：$\sum_{i=1}^{n} \lambda_i(y) = 1$，$\lambda_i(y) \geqq 0$．故に，$\varphi(K(x))$ は閉凸集合 B からそれ自身の中へのコンパクトな連続写像である．故に，シャウダーの不動点定理より，$\varphi(K(\bar{x})) = \bar{x}$ となる $\bar{x} \in B$ が存在する：$A\bar{x} = \bar{x}$．

ここで，$Ax = \sum_i \lambda_i(K(\bar{x})) A_i(K(x))$．$A$ はコンパクトな線型写像であるから，$Z = \{x \in X | Ax = x\}$ は有限次元部分空間である(黒田 [2]，定理 11.29)．Z は K について不変である．実際，$A_i \in \mathcal{A}$ より，$AK = KA$ となるからである．$Z \neq \{0\}$．実際 $\bar{x} \in Z$ かつ $\bar{x} \in B$．他方 $0 \notin B$．故に $\bar{x} \neq 0$ であるから．故に，Z の中の作用素とみて K は固有値をもつ．すなわち，$\mathrm{Ker}(\lambda I - K) \neq \{0\}$ となる複素数 λ が存在する．K は恒等作用素のスカラー倍でないから，$\mathrm{Ker}(\lambda I - K) \neq X$．よって $\mathrm{Ker}(\lambda I - K)$ は自明でない．この空間は明らかに，すべての $A \in \mathcal{A}$ に対し不変である．これらは仮定に反する．矛盾．

問　題　2

1. R^2 上の変換 T:

$$T(x, y) = [x+y,\ y-(x+y)^3]$$

は，$T(-x, -y) = -T(x, y)$ を満たす．$(0, 0)$ が T の唯一の不動点であることを示せ．T^2 は，ふたつの不動点 $(2, -4)$，$(-2, 4)$ をもち，T によってそれらは互いに移ることを示せ．

2. 距離空間 X からそれ自身への写像 T のある k べき T^k $(k \geqq 1)$ が縮小写像となるならば，T は X の中にただひとつの不動点をもつことを示せ．

3. A を $n \times n$ 行列 (a_{jk})，$a_{jk} > 0$，とする．このとき，A は正の固有値をもち，対応する固有ベクトルとして，非負の成分をもつ固有ベクトルが存在することを示せ．

4. D を R^n の開集合とする．$k(x, y)$ を $D \times D$ 上可積分な非負関数とする．もし $L^1(D)$ から $L^1(D)$ への積分作用素

$$Tu(x) = \int_D k(x, y) u(y) dy$$

がコンパクトならば，T は正の固有値をもち，対応して非負の固有関数をもつことを示せ．

5. §16 の(16.3)式を示せ．

第3章
写　像　度

$f(x)=0$ の解の存在，その個数などを示すのに，写像の写像度という概念は大切である．本章ではこれを解説する．

§18. 写　像　度

Ω を $\boldsymbol{R}^n$ の有界開集合，f を $\bar{\Omega}$ 上 C^1-級関数とする．f のヤコビ行列式 $J_f(x)$ を，

$$J_f(x)=\det\left(\frac{\partial f_j(x)}{\partial x_k}\right)$$

と定める．$J_f(x)\neq 0$ なる $\bar{\Omega}$ の点を f の**正則点**(regular point)，$J_f(x)=0$ となる $\bar{\Omega}$ の点を f の**臨界点**(critical point)という．$\boldsymbol{R}^n$ の点 p の f による原像 $f^{-1}(p)$ が臨界点を含んでいるとき，p を**臨界値**(critical value)という．臨界値でない $\boldsymbol{R}^n$ の点 p を**正則値**(regular value)という．

p が正則値のとき，f の(p における)写像度 $\deg(f,p,\Omega)$ を

$$\deg(f,p,\Omega)=\sum_{f(x)=p}\operatorname{sgn}(J_f(x)) \tag{18.1}$$

と定める．$\operatorname{sgn}(s)$ は s の符号である．

もし $f(x)=p$ なる x が存在しなければ

$$\deg(f,p,\Omega)=0 \tag{18.2}$$

と定める．

(18.1) の右辺が有限和となっていることをみておこう．もし $f(x)=p$ とな

る x が $\bar{\Omega}$ に無限個存在したと仮定すると，$\bar{\Omega}$ は有界閉集合であるから，その中から，互いに相異なり，$\bar{\Omega}$ のある点 x_0 に収束する点列 $\{x_n\}$ がとりだせる．$f(x_n)=p$，$x_n \to x_0$ であるから，f の連続性より，$f(x_0)=p$．p は正則値であるから，$J_f(x_0) \neq 0$．$f \in C^1(\bar{\Omega})$ より，$\bar{\Omega}$ を含むある開集合 Ω' の中に C^1-級に拡張される(それをやはり f で表す)．このとき，$x=x_0$ の近傍で，$J_f(x) \neq 0$．よって，逆関数の定理(高木 [29]，定理 74)より，$f(x)=p$ となる x は，$x=x_0$ の近傍で $x=x_0$ しか存在しない．これは，$x_n \to x_0$，$f(x_n)=p$ に反する．

例 18.1. $n=1$，$\Omega=(0,1)$，$f \in C^1([0,1])$ の場合を考える．$f'(x)=0$ となる x が臨界点，$f'(x) \neq 0$ となる x が正則点である．$y \in R^1$ を正則値とすれば，

$$\deg(f, y, \Omega) = \sum_{f(x)=y} (f'(x) \text{ の符号}).$$

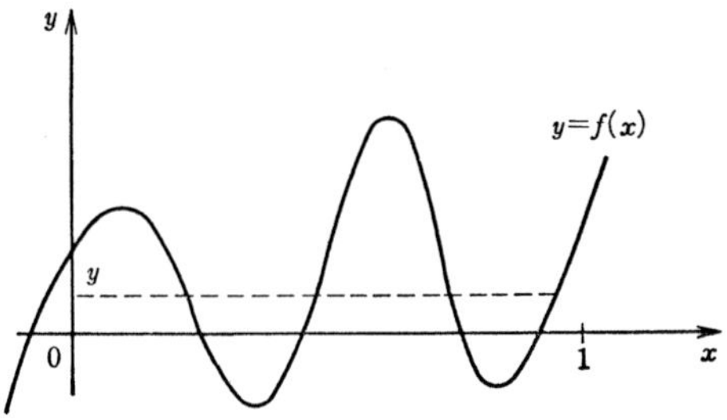

図 4

例 18.2. Ω を複素平面 C の中の有界開集合，f を $\bar{\Omega}$ 上の正則関数とする．Ω を R^2 の点と同一視し，z, f を実部と虚部に分ける．

$$z=x+iy; \qquad f(z)=u(x,y)+iv(x,y).$$

便宜上，$z=(x,y)$，$f=(u,v)$ と表そう．このとき，f は $\bar{\Omega}$ から R^2 への C^1-級写像となる．コーシー・リーマン(Cauchy-Riemann)の関係式より，

$$J_f(z)=\det\begin{bmatrix} \dfrac{\partial u}{\partial x} & \dfrac{\partial v}{\partial x} \\ \dfrac{\partial u}{\partial y} & \dfrac{\partial v}{\partial y} \end{bmatrix} = \det\begin{bmatrix} \dfrac{\partial u}{\partial x} & \dfrac{\partial v}{\partial x} \\ -\dfrac{\partial v}{\partial x} & \dfrac{\partial u}{\partial x} \end{bmatrix}$$

$$=\left(\frac{\partial u}{\partial x}\right)^2+\left(\frac{\partial v}{\partial x}\right)^2=|f'(z)|^2.$$

よって，$w\in C$ が f の正則値とする．すなわち，$f(z)=w$ となるすべての $z\in\bar{\Omega}$ に対して，$f'(z)\neq 0$．このとき，$J_f(z)$ は正より，

$$\deg(f,w,\Omega)=\sum_{f(z)=w}\operatorname{sgn} J_f(z)=\bar{\Omega}\text{ の中の根の個数}. \tag{18.3}$$

§19. サードの補題

前節で p が正則値のとき，f の写像度を定義した．次に，p が臨界値のときに写像度を定義する．そのために，有名な**サード(Sard)の補題**を準備する．

補題 19.1. 写像 $f\colon\bar{\Omega}\to \boldsymbol{R}^n$ は C^1-級とする．このとき臨界値の集合は，$\boldsymbol{R}^n$ の中で(ルベーグ)測度ゼロ．

証明 $f\in C^1(\bar{\Omega})$ であるから，$\bar{\Omega}$ を含むある開集合 Ω' にまで f は C^1-級の関数として拡張される．空間 $\boldsymbol{R}^n$ を分割して，同じ大きさ，辺が軸に平行な立方体の和として表す．その辺 l を十分小さくとれば，その有限和 S で $\bar{\Omega}$ が覆われ，しかも Ω' に S が含まれるようにできる．S を構成している辺 l の立方体のひとつを C_0 としよう．C_0 の辺を N 等分して C_0 を細分すると N^n 個の辺の長さ l/N の立方体ができる．これら細分化された立方体のうち臨界点を含んでいるもののひとつを C_N とする．臨界点を x とする．

$J_f(x)=0$ であるから，アフィン変換

$$y\to L(y)=f(x)+\sum_{j=1}^{n}\frac{\partial f(x)}{\partial x_j}(y_j-x_j)$$

による C_N の像 $L(C_N)$ はある $n-1$ 次超平面 Π に含まれる．Π への直交射影を P とする．

$$M=\max_{x\in\bar{\Omega}}\left|\frac{\partial f(x)}{\partial x_j}\right|$$

とおくと，$|x_j-y_j|\leqq l/N\,(y\in C_N)$ であるから，

$$|L(y)-f(x)|\leqq nMl/N. \tag{19.1}$$

他方，$f(y)$ を x のまわりでテーラー展開すれば，

$$f(y)=L(y)+o\left(\frac{1}{N}\right).$$

すなわち，

$$\sup_{\substack{|x_j-y_j|\leqq l/N\\ j=1,\cdots,n}}|f(y)-L(y)|=o\left(\frac{1}{N}\right). \tag{19.2}$$

これと $L(y)\in\Pi$ より，$f(C_N)$ とΠとの距離 d:

$$d=\sup_{y\in C_N}\inf_{z\in\Pi}|f(y)-z|$$

は，

(19.3) $$d=o\left(\frac{1}{N}\right) \qquad \left(o\left(\frac{1}{N}\right)\text{は } y \text{ によらない}\right).$$

また，(19.1), (19.2) と $PL(y)=L(y)$ より，$y\in C_N$ に対して，

$$\begin{aligned}|Pf(y)-f(x)| &\leqq |Pf(y)-PL(y)|+|L(y)-f(x)|\\ &\leqq |f(y)-L(y)|+|L(y)-f(x)|\\ &\leqq M'/N.\end{aligned}$$

ここで，M' は x, y, N によらぬ定数．よって，C_N の f による像 $f(C_N)$ は底面の半径 M'/N，高さ $2d$ の円柱の中に入る．故に，

$$f(C_N) \text{ の体積}=o\left(\frac{1}{N^n}\right).$$

上の評価は，臨界点を含むすべての (C_0 の) 細分化された立方体 (それを $C_{N,1}$, $\cdots$, $C_{N,m}$ とかく) に対して成立し，そのような立方体の個数 m は高々 N^n 個である．C_0 に含まれる臨界点の全体を $\hat{C}_0$ で表すと，$f(\hat{C}_0)\subset\bigcup_{j=1}^{m} f(C_{N,j})$ であるから，

$$\begin{aligned}f(\hat{C}_0)\text{の測度} &\leqq \sum_{j=1}^{m}(f(C_{N,j}) \text{ の測度})\\ &\leqq N^n o\left(\frac{1}{N^n}\right)=o(1).\end{aligned}$$

$N\to\infty$とすると，$f(\hat{C}_0)$ の測度$=0$. これが S を構成する各 C_0 に対していえているから，S (よって $\bar{\Omega}$) に含まれる臨界点の f による像の測度はゼロとなる．□

§20. 写像度の定義

次のふたつの補題にもとづいて，$\bar{\Omega}$ 上の任意の連続関数 f の，$f(\partial\Omega)$ に含まれない任意の点 p:

(20.1) $$p\notin f(\partial\Omega)$$

における写像度 $\deg(f, p, \Omega)$ の定義を与えよう．

補題 20.1. $f\in C^2(\bar{\Omega})$ とする．p_1, p_2 を $R^n\setminus f(\partial\Omega)$ の同じ連結成分に属す

る正則値とすれば，

(20.2) $$\deg(f, p_1, \Omega) = \deg(f, p_2, \Omega).$$

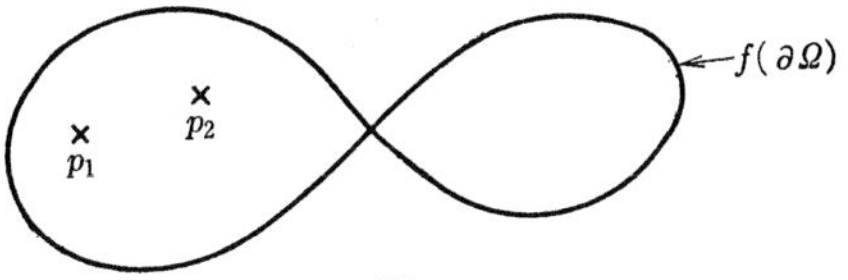

図 5

補題 20.2. 連続写像 h: $\bar{\Omega}\times[0,1]\to \boldsymbol{R}^n$ が次のふたつの仮定を満たすとする．

(i) 各 t に対して $h(x,t)$ は，x の関数とみて $\bar{\Omega}$ 上 C^2–級．

(ii) すべての $t(0\leqq t\leqq 1)$ に対して $p\notin h(\partial\Omega, t)$．

このとき，$\deg(h(\cdot,t), p, \Omega)$ は t によらぬ定数．

(上の補題の証明は次節で与える)

$f\in C^2(\bar{\Omega})$ と仮定する．(20.1) を満たす p に対して，サードの補題より，p に収束する正則値の列 $\{p_k\}$ が存在する．k が十分大きいとき，p_k は，$R^n\backslash f(\partial\Omega)$ の p と同じ連結成分に属する．よって，十分大きい k, l に対して p_k と p_l は $R^n\backslash f(\partial\Omega)$ の同じ連結成分に属する．よって，補題 20.1 より，$\deg(f, p_k, \Omega)=\deg(f, p_l, \Omega)$．よって，

$$\lim_{k\to\infty}\deg(f, p_k, \Omega) = \text{存在}.$$

この値を $\deg(f, p, \Omega)$ と定める(上の定義より，整数である)．これが p に近づく正則値の点列のとり方によらぬことと次の補題も同様にして示される．

補題 20.3. 正則値でない p_1, p_2 に対しても補題 20.1 は成立．

$f\in C(\bar{\Omega})$，p を (20.1) を満たす $\boldsymbol{R}^n$ の点とする．f に $\bar{\Omega}$上一様収束し$C^2(\bar{\Omega})$ に属する関数列 $\{f_k\}$ が存在する．

$$h(x,t) = tf_k(x) + (1-t)f_l(x)$$

とおくと，$\bar{\Omega}\times[0,1]$ 上 C^2–級となる．$x\in\partial\Omega$ のとき，

$$\begin{aligned}|h(x,t)-p| &\geqq |f(x)-p| - |h(x,t)-f(x)| \\ &\geqq |f(x)-p| - t|f_k(x)-f(x)| - (1-t)|f_l(x)-f(x)|.\end{aligned}$$

p は (20.1) を満たし，f_k, f_l は一様に f に収束するから，上式より，十分 k, l

を大きくとれば,

$$\inf_{\substack{x\in\partial\Omega\\0\le t\le 1}}|h(x,t)-p|>0$$

となる．これは補題 20.2 の仮定 (ii) が満たされていることを示している．よって，$\deg(h(\cdot,t),p,\Omega)$ は t によらない．これより，$\deg(f_k,p,\Omega)=\deg(f_l,p,\Omega)$．よって．

$$\lim_{k\to\infty}\deg(f_k,p,\Omega)=\text{存在}.$$

この値を $\deg(f,p,\Omega)$ と定める(整数値である)．これが f に近づく C^2–級の関数列のとり方によらぬことと次の補題も上と同様にして示される．

補題 20.4.　$f\in C(\bar{\Omega})$ に対しても補題 20.3 は成立.

例 20.5.　$\Omega=\{z\in \boldsymbol{C};\ |z|\le 1\}$ とする．m次の単項式

$$f(z)=z^m\qquad(m\text{: 自然数})$$

を考える．例 18.2 と同様に，z, $f(z)$ を実部，虚部に分け $\boldsymbol{C}$ を $\boldsymbol{R}^2$ と，z を (x,y) と，$f(z)$ を $(u(x,y),v(x,y))$ と同一視する．$w\in\boldsymbol{C}$ に対して写像度 $\deg(f,w,\Omega)$ を計算する.

$|w|>1$ ならば, Ω の中に $z^m=w$ となる点は存在しないから，$\deg(f,w,\Omega)=0$．$0<|w|\le 1$ のとき，$z^m=w$ となる z はちょうど m 個あり，単純である．よって,

$$\deg(f,w,\Omega)=m.$$

$w=0$ の場合を考える．$\varepsilon_k\to 0$ となる正数の列 $\{\varepsilon_k\}$ を考える．各 ε_k は正則値であるから,

$$\deg(f,0,\Omega)=\lim_{k\to\infty}\deg(f,\varepsilon_k,\Omega)=m.$$

§21.　写像度の積分表示

(1)　まず，$f\in C^1(\bar{\Omega})$，p が正則値のときの写像度 $\deg(f,p,\Omega)$ の積分表示を与える.

正数 ε に対して，次の条件を満たす C^1–関数 φ_ε をとる：

(i)　$$\int_{R^n}\varphi_\varepsilon(y)\,dy=1;$$

(ii) ψ_ε の台は，中心原点，半径 ε の球 $B_\varepsilon(0)$ の中に含まれる．

十分小さい ε に対して，次のごとく積分表示される；

$$\deg(f, p, \Omega) = \int_\Omega \psi_\varepsilon(f(x)-p) J_f(x)\, dx. \tag{21.1}$$

実際，

$$f^{-1}(p) = \{x_1, x_2, \cdots, x_N\}$$

とする．逆関数の定理より，ε を十分小さくとると，次の性質をもつ互いに素な x_j の近傍 $U_\varepsilon(x_j)$ $(j=1, 2, \cdots, N)$ が存在する：各 $U_\varepsilon(x_j)$ 上 $J_f(x)$ の符号は一定で，写像 f: $U_\varepsilon(x_j) \to B(p, \varepsilon)$ は1対1かつ上への写像である($B(p, \varepsilon)$: p を中心，半径 ε の球)．

$\psi_\varepsilon(f(x)-p)$ は $\bigcup_{j=1}^N U_\varepsilon(x_j)$ の外ではゼロとなる(各自確かめてみよ)．故に，

$$\begin{aligned}
(21.1)\text{の右辺} &= \sum_{j=1}^N \int_{U_\varepsilon(x_j)} \psi_\varepsilon(f(x)-p) J_f(x)\, dx \\
&= \sum_{j=1}^N \operatorname{sgn} J_f(x_j) \int_{U_\varepsilon(x_j)} \psi_\varepsilon(f(x)-p)\, |J_f(x)|\, dx \\
&= \sum_{j=1}^N \operatorname{sgn} J_f(x_j) \int_{B(p,\varepsilon)} \psi_\varepsilon(y-p)\, dy \qquad \text{(変数変換)} \\
&= \sum_{j=1}^N \operatorname{sgn} J_f(x_j) \\
&= (21.1)\text{ の左辺}.
\end{aligned}$$

ε が十分小さいとき，$\deg(f, p, \Omega)$ は積分表示されることを示した．次に，$0<\varepsilon<\delta/\sqrt{n}$ に対して，(21.1) がやはり成り立つことを示そう．δ は p と $f(\partial\Omega)$ との距離である．補題を用意する．

(2)

補題 21.1. 台がある立方体 ω の中に含まれ，

$$\int_{R^n} \psi(y)\, dy = 0$$

を満たす R^n 上の C^1-関数 ψ は，

$$\psi(y) = \sum_{j=1}^n \frac{\partial v_j(y)}{\partial y_j}$$

と表される．ここで，v_j は台が ω に含まれる R^n 上の C^1-級の関数である．

証明 nに関する帰納法で示す．$n=1$の場合，

$$v_1(y)=\int_{-\infty}^{y}\phi(z)\,dz$$

とすればよい．nのとき成立すると仮定しよう．$y_{n+1}=t$．$(y,t)=(y_1,\cdots,y_n,t)$とおく．$n+1$次元の立方体ωとして，$\omega=[a_1,b_1]\times\cdots\times[a_n,b_n]\times[a_{n+1},b_{n+1}]\equiv\omega'\times[a_{n+1},b_{n+1}]$としよう．このとき，

$$m(y)=\int_{-\infty}^{\infty}\phi(y,t)\,dt$$

とおくと，このmの台はω'に含まれ，R^nで連続関数である．故に，帰納法の仮定より，

$$m(y)=\sum_{j=1}^{n}\frac{\partial w_j(y)}{\partial y_j}$$

と表される．ここで，w_jは台がω'に含まれるC^1-級関数である．$g(t)$をその台が$[a_{n+1},b_{n+1}]$に含まれ

$$\int_{-\infty}^{\infty}g(t)\,dt=1$$

なるC^∞-関数とし，

$$\begin{cases} v_j(y,t)=w_j(y)g(t) & (j=1,\cdots,n) \\ v_{n+1}(y,t)=\displaystyle\int_{-\infty}^{t}(\phi(y,s)-g(s)m(y))\,ds \end{cases}$$

とおくと，これが求める関数である．よって，$n+1$でも補題は成立． □

補題 21.2. $f\in C^2(\bar{\Omega})$，$v_j\in C_0^1(\boldsymbol{R}^n)$とする．

$$\phi(y)=\sum_{j=1}^{n}\frac{\partial v_j(y)}{\partial y_j}$$

とおく．もし$v=(v_1,\cdots,v_n)$の台と$f(\partial\Omega)$とが交わらなければ，$\phi(f(x))J_f(x)$は，

$$\phi(f(x))J_f(x)=\sum_{j=1}^{n}\frac{\partial w_j(x)}{\partial x_j} \tag{21.2}$$

と表される．ただし，w_jは$C_0^1(R^n)$に属する適当な関数である．

証明 求めるw_jは，

$$w_j(x)=\sum_{k=1}^{n}v_k(f(x))a^{k,j}(x) \qquad (j=1,2,\cdots,n).$$

ここで，$a^{k,l}$は，ヤコビ行列$(\partial f_j/\partial x_k)$の$(k,l)$余因子：

$$a^{k,l}=(-1)^{k+l}\frac{\partial(f_1,\cdots f_{k-1},f_{k+1},\cdots,f_n)}{\partial(x_1,\cdots x_{l-1},x_{l+1},\cdots,x_n)}.$$

まず，境界近くのxに対する$f(x)$と$v(y)$の台は交わらないから，$w_j\in C_0^1(\Omega)$．次に，

$$(21.3)\qquad \sum_{j=1}^n\frac{\partial w_j(x)}{\partial x_j}=\sum_{j,k,l=1}^n\frac{\partial v_k(y)}{\partial y_l}\Big|_{y=f(x)}\frac{\partial f_l(x)}{\partial x_j}a^{k,j}(x)+\sum_{j,k=1}^n v_k(f(x))\frac{\partial a^{k,j}(x)}{\partial x_j}$$

この右辺を計算しよう．逆行列の計算式より(服部［28］，p. 83)，

$$(21.4)\qquad \sum_{j=1}^n\frac{\partial f_l(x)}{\partial x_j}a^{k,j}(x)=\delta_{lk}J_f(x)$$

(δ_{lk}; クロネッカー(Kronecker)のデルタ)．

他方，

$$(21.5)\qquad \sum_{j=1}^n\frac{\partial}{\partial x_j}a^{k,j}(x)=0\qquad (k=1,2,\cdots,n).$$

これは，ある固定された項

$$\frac{\partial^2 f_l}{\partial x_i\partial x_j}$$

に注目してみればよい．たとえば，$n=3$, $k=3$の場合をみてみよう．このとき

$$\sum_{j=1}^3\frac{\partial}{\partial x_j}a^{3,j}(x)=\frac{\partial}{\partial x_1}\det\begin{vmatrix}\frac{\partial f_1}{\partial x_2} & \frac{\partial f_2}{\partial x_2}\\ \frac{\partial f_1}{\partial x_3} & \frac{\partial f_2}{\partial x_3}\end{vmatrix}-\frac{\partial}{\partial x_2}\det\begin{vmatrix}\frac{\partial f_1}{\partial x_1} & \frac{\partial f_2}{\partial x_1}\\ \frac{\partial f_1}{\partial x_3} & \frac{\partial f_2}{\partial x_3}\end{vmatrix}$$
$$+\frac{\partial}{\partial x_3}\det\begin{vmatrix}\frac{\partial f_1}{\partial x_1} & \frac{\partial f_2}{\partial x_1}\\ \frac{\partial f_1}{\partial x_2} & \frac{\partial f_2}{\partial x_2}\end{vmatrix}$$
$$=\sum_{i\neq j}C_{ij}\frac{\partial^2 f_1}{\partial x_i\partial x_j}+\sum_{i\neq j}C'_{ij}\frac{\partial^2 f_2}{\partial x_i\partial x_j}$$
$$=\left(\frac{\partial f_2}{\partial x_3}-\frac{\partial f_2}{\partial x_3}\right)\frac{\partial^2 f_1}{\partial x_1\partial x_2}+\cdots$$
$$=0.$$

一般の場合も同様である．(21.3)，(21.4)，(21.5) より (21.2) を得る． □

(3) 上の補題を用いて，(21.1) が$0<\varepsilon_0<\delta/\sqrt{n}$なる$\varepsilon_0$に対してもやは

り成り立つことを示す．これに対応する ϕ_ε を ϕ_0，十分小さい ε に対する ϕ_ε を ϕ_1 とする．$\phi_0-\phi_1$ は，R^n 上の積分が 0，その台は中心 0，一辺の長さ $2\delta/\sqrt{n}$ の立方体の内部に含まれる．よって，補題 21.1 より，

$$\phi_0(y-p)-\phi_1(y-p)=\sum_{j=1}^{n}\frac{\partial v_j(y-p)}{\partial y_j}.$$

$v_j(y-p)$ の台は中心 p，一辺の長さ $2\delta/\sqrt{n}$ の立方体の内部に含まれるから，その台は $f(\partial\Omega)$ とは交わらない．よって，補題 21.2 より，

$$\phi_0(f(x)-p)J_f(x)-\phi_1(f(x)-p)J_f(x)=\sum_{j=1}^{n}\frac{\partial w_j(x)}{\partial x_j}.$$

ここで，$w_j\in C_0^1(\Omega)$．上式を x について積分すると，

$$\int_\Omega\phi_0(f(x)-p)J_f(x)dx-\int_\Omega\phi_1(f(x)-p)J_f(x)dx=0.$$

すなわち，

$$\deg(f,p,\Omega)=\int_\Omega\phi_0(f(x)-p)J_f(x)dx.$$

これは，(21.1) が $0<\varepsilon<\delta/\sqrt{n}$ に対して成立していることを示している．

（4） 補題 20.1 の証明．p_1 が属する $\boldsymbol{R}^n\backslash f(\partial\Omega)$ の連結成分を Ω' とし，$\partial\Omega'$ と p_1 との距離を δ としよう．$0<\varepsilon<\delta/2\sqrt{n}$ とする．このとき，

$$\deg(f,p_1,\Omega)=\int_\Omega\phi_\varepsilon(f(x)-p_1)J_f(x)dx.$$

他方，サードの補題より，Ω' の中で正則値は稠密であるから，中心 p_1，半径 ε の球 $B(p_1,\varepsilon)$ の中に正則値は稠密に存在する．それを p としよう．このとき

$$\deg(f,p,\Omega)=\int_\Omega\phi_\varepsilon(f(x)-p)J_f(x)dx.$$

他方，（3）と同様にして，補題 21.1 より，

$$\phi_\varepsilon(y-p_1)-\phi_\varepsilon(y-p)=\sum_{j=1}^{n}\frac{\partial v_j(y)}{\partial y_j}$$

となる $v_j\in C_0^1(R^n)$ が存在し，$v=(v_1,\cdots,v_n)$ の台と $f(\partial\Omega)$ とは交わらない．補題 21.2 より，

$$\phi_\varepsilon(f(x)-p_1)J_f(x)-\phi_\varepsilon(f(x)-p)J_f(x)=\sum_{j=1}^{n}\frac{\partial w_j(x)}{\partial x_j}$$

となる $w_j\in C_0^1(\Omega)$ が存在する．上式を x で積分し，(21.1) を用いれば，

$$\deg(f, p_1, \Omega) = \deg(f, p, \Omega).$$

Ω' にある任意の点 p_2 に対し，p_1 と Ω' 内で曲線で結ぶ．その曲線と $\partial\Omega'$ との距離を δ とする．中心がその曲線の上にのっている半径 $\varepsilon(0<\varepsilon<\delta/2\sqrt{n})$ の有限個の球で，その曲線を覆う．正則値は各球の中稠密であること，およびそれぞれの球内の正則値における写像度は一定であることから，p_2 における写像度と p_1 における写像度は一致する．□

（5）　補題 20.2 の証明．p がすべての t に対して $h(\cdot, t)$ の正則値の場合．柱状領域 $\bar{\Omega}\times[0,1]$ の側面 $\partial\Omega\times[0,1]$ の $h(x,t)$ による像：

$$\{h(x,t) : w\in\partial\Omega,\ 0\leqq t\leqq 1\}$$

が p と交わらないから，p との距離 δ は正．$0<\varepsilon<\delta/\sqrt{n}$ に対応して，(1)で述べた ψ_ε をとる．$h(\cdot, t)\in C^2(\bar{\Omega})$ より，(21.1) から，

$$\deg(h(\cdot, t), p, \Omega) = \int_\Omega \psi_\varepsilon(h(x,t)-p) J_{h(\cdot, t)}(x)\,dx.$$

この右辺は，t の連続関数，他方，左辺は整数値関数より，すべての t に対して一定．p が一般の場合，p を正則値で近似し，補題 20.3 を用いよ．□

§22.　写像度の性質

写像度は多くの大切な性質をもっている．その基本的ないくつかの性質を列記しよう．これまで通り $p\in\boldsymbol{R}^n$ は与えられた点，f は，$p\notin f(\partial\Omega)$ を満たす $\bar{\Omega}$ から $\boldsymbol{R}^n$ への連続写像とする．

命題 22.1.　**（ホモトピー不変性）**　$\deg(f, p, \Omega)$ は，$f: \partial\Omega\to\boldsymbol{R}^n\setminus\{p\}$ なる連続写像のホモトピー類によってのみ依存する．すなわち，$f_0, f_1\in C(\partial\Omega; \boldsymbol{R}^n\setminus\{p\})$ とする．

$$h(x,0) = f_0(x); \qquad h(x,1) = f_1(x)$$

を満たす $h\in C(\partial\Omega\times[0,1]; \boldsymbol{R}^n\setminus\{p\})$ が存在するならば，

$$\deg(\bar{f}_0, p, \Omega) = \deg(\bar{f}_1, p, \Omega). \tag{22.1}$$

ここで，$\bar{f}_0, \bar{f}_1$，は，f_0, f_1 を $\bar{\Omega}$ 上の連続関数として拡張した写像である((22.1)は，$\deg(\bar{f}_0, p, \Omega)$ が f_0 の $\bar{\Omega}$ への拡張のしかたによらないことも示している；拡張可能はティチェ(Tietze)の定理(加藤 [27]，定理 10.9))．

証明 柱状領域 $\Omega\times[0,1]$ の境界を $\Gamma_0, \Gamma_1, \Gamma_2$ とする.

ここで, Γ_0 は底面：$\Gamma_0=\Omega\times\{0\}$, Γ_1 は側面：$\partial\Omega\times[0,1]$, Γ_2 は上面：$\Gamma_2=\Omega\times\{1\}$. 底面 Γ_0 上で $\bar{f}_0$, 側面 Γ_1 で h, 上面 Γ_2 で $\bar{f}_1$ が与えられている. このような円柱の境界で与えられた写像を連続的に柱状領域 $\bar{\Omega}\times[0,1]$ 全体に拡張する(ティチェの定理). 拡張された連続関数を $\bar{h}=\bar{h}(x,t)$ によって表す. この関数 $\bar{h}$ を, $C^2(\bar{\Omega}\times[0,1])$ に属する関数列 $\{\bar{h}_k\}$ で一様近似する. 十分 k を大きくとれば, $p\notin\bar{h}_k(x,t)$ $(x\in\partial\Omega,\ 0\leqq t\leqq 1)$. 故に, 補題 20.2 より,

$$\deg(\bar{h}_k(\cdot,0),p,\Omega)=\deg(\bar{h}_k(\cdot,t),p,\Omega)=\deg(\bar{h}_k(\cdot,1),p,\Omega).$$

ここで, $k\to\infty$ とすれば, 定義より,

$$\deg(\bar{f}_0,p,\Omega)=\lim_{k\to\infty}\deg(\bar{h}_k(\cdot,0),p,\Omega)=\lim_{k\to\infty}(\bar{h}_k(\cdot,1),p,\Omega)=\deg(\bar{f}_1,p,\Omega).$$

これは (22.1) を示している. □

命題 22.2. **(境界値に対する依存性)** $\deg(f,p,\Omega)$ は写像 f の境界 $\partial\Omega$ 上での値によって一意的に決定される.

証明 命題 22.1 より明らか.

命題 22.3. **(連続性)** $\deg(f,p,\Omega)$ は, $f\in C(\bar{\Omega})$ と $p\in\boldsymbol{R}^n$ についての連続関数である($C(\bar{\Omega})$ のノルムは, max-ノルム).

証明 $f_k\to f$, $p_k\to p$ とする. 十分大きく k,l をとれば, p_k は $\boldsymbol{R}^n\backslash f(\partial\Omega)$ の p と同じ連結成分に入り,

$$tf_l(x)+(1-t)f_k(x)\neq p_k \qquad (0\leqq t\leqq 1,\ x\in\partial\Omega).$$

よって, 命題 22.1 より,

$$\deg(f_k,p_k,\Omega)=\deg(f_l,p_k,\Omega).$$

ここで, $l\to\infty$ とすれば, 定義より, 右辺$=\deg(f,p_k,\Omega)$. p と p_k は同じ連結成分に入っているから, 補題 20.4 より, $\deg(f,p_k,\Omega)=\deg(f,p,\Omega)$. 以上より, k を十分大きくとると,

$$\deg(f_k,p_k,\Omega)=\deg(f,p,\Omega).$$

連続となっている. □

命題 22.4. **(領域の分解)** 互いに素な有限個の Ω の部分開集合を Ω_j $(j=1,2,\cdots,N)$ とする.

$$p \notin f(\bar{\Omega} \setminus \bigcup_{j=1}^{N} \Omega_j)$$

と仮定しよう．このとき，

(22.2)
$$\deg(f, p, \Omega) = \sum_{j=1}^{N} \deg(f, p, \Omega_j).$$

証明　$f \in C^2(\bar{\Omega})$，p が正則値のときを示せば十分である（極限操作をせよ）．

$$\deg(f, p, \Omega) = \sum_{x \in f^{-1}(p)} \operatorname{sgn} J_f(x) = \sum_j \sum_{x \in \Omega_j \cap f^{-1}(p)} \operatorname{sgn} J_f(x)$$
$$= \sum_j \deg(f, p, \Omega_j).$$
□

命題 22.5.　**（カルテシアン積の公式）**　Ω_j を $\boldsymbol{R}^{n_j}$ の有界領域，$p_j \in \boldsymbol{R}^{n_j}$ $(j=1, 2)$ とする．$f_j \in C(\bar{\Omega}_j)$ が $p_j \notin f_j(\partial\Omega_j)$　$(j=1, 2)$ を満たすならば，

$$\deg((f_1, f_2), (p_1, p_2), \Omega_1 \times \Omega_2) = \deg(f_1, p_1, \Omega_1)\deg(f_2, p_2, \Omega_2).$$

証明　f_j が $C^2(\bar{\Omega}_j)$，p_j が正則値のときを示せば十分である．

$$\deg((f_1, f_2), (p_1, p_2), \Omega_1 \times \Omega_2) = \sum_{x_j \in f^{-1}(p_j)} \operatorname{sgn} \det \begin{bmatrix} f_1 \text{のヤコビ行列} & 0 \\ 0 & f_2 \text{のヤコビ行列} \end{bmatrix}$$
$$= \Big(\sum_{x_1 \in f^{-1}(p_1)} \operatorname{sgn} J_f(x)\Big)\Big(\sum_{x_2 \in f^{-1}(P_2)} \operatorname{sgn} J_f(x)\Big)$$
$$= \deg(f_1, p_1, \Omega_1)\deg(f_2, p_2, \Omega_2)$$

（ここで，f のヤコビ行列とは，行列 $[\partial f_j/\partial x_k]$ を意味する）

命題 22.6.　**（解の存在）**　もし $\deg(f, p, \Omega) \neq 0$ ならば，$f(x)=p$ は $\bar{\Omega}$ に解をもつ．

証明　解をもたなければ，$\deg(f, p, \Omega)=0$ であるから．

前章で証明を与えたブラウアーの不動点定理を写像度を用いて証明できる．

定理 22.7.　**（ブラウアーの不動点定理）**　Ω を $\boldsymbol{R}^n$ の凸な有界閉集合とする．Ω から Ω への連続写像 f は Ω に不動点をもつ．

証明　前の証明（定理 9.1）の通り，Ω が球：$\Omega = \{x \in \boldsymbol{R}^n;\ |x| \leqq R\}$ の場合に示せばよい．f が境界 $|x|=R$ 上に不動点をもてば，定理は成立，もしもたなければ，

$$h(x, t) = x - tf(x)$$

とおくと，

(22.3)
$$h(x, t) \neq 0 \qquad (x \in \partial\Omega,\ 0 \leqq t \leqq 1)$$

実際，もし $h(x,t)=0$ となる x, t が存在したと仮定すると，$|f(x)|\leqq R\ (x\in \Omega)$ より

$$R=|x|=t|f(x)|\leqq tR.$$

よって，$t=1$ でなければならない．よって，$x-f(x)=0\ \ (|x|=R)$．f は $|x|=R$ 上に不動点をもちえないから，矛盾．

(22.3) より，命題 22.1 を適用できて，

$$\deg(h(\cdot,1),0,\Omega)=\deg(h(\cdot,0),0,\Omega)=\deg(I,0,\Omega)=1.$$

命題 22.6 より，$h(x,1)\equiv x-f(x)=0$ は $\bar{\Omega}$ に解をもたなければならない．□

§23.　ルレイ・シャウダー(Leray-Schauder)の写像度

有限次元空間で導入した写像度という概念を，バナッハ空間の中の写像に対してまで拡張しよう．Ω をバナッハ空間 X の有界開集合とする．連続写像 $f: \bar{\Omega}\to X$ として次の形の写像を考える．

(23.1)
$$f=I-g.$$

ここで，I は恒等写像を表し，g は $\bar{\Omega}$ から X へのコンパクト写像である．X の点 p が

(23.2)
$$p\notin f(\partial\Omega)$$

のとき，f の p における写像度 $\deg(f,p,\Omega)$ を定める．

まず，$f(\partial\Omega)$ は閉集合であることに注意する．このことは，次の補題からわかる．

補題 23.1.　S を X の有界閉集合とすれば，$f(S)$ も X の中の閉集合．

証明　S の点列 $\{x_n\}$ が $f(x_n)\to y$ を満たすならば，$f(x_0)=y$ となる $x_0\in S$ が存在することを示せばよい．S は有界集合より，$\{x_n\}$ は有界列．仮定より，g はコンパクト写像であるから $\{g(x_n)\}$ から収束する部分列(それをやはり $\{g(x_n)\}$ とかく)がとれる．その極限を y' とすると，

$$x_n=f(x_n)+g(x_n)\to y+y'\qquad (n\to\infty).$$

S は閉集合より，$y+y'\in S$．f, g は連続より，

$$y=\lim_{n\to\infty} f(x_n)=f(y+y').$$

□

$p \notin f(\partial\Omega)$ より，p と $f(\partial\Omega)$ との距離 δ は正である．$0<\varepsilon<\delta/2$ と ε を選ぶ．g はコンパクトであるから，$g(\bar{\Omega})$ の閉包 K はコンパクト．補題 11.4 より，シャウダー射影作用素 P が存在する．

$$g_\varepsilon = Pg \tag{23.3}$$

とおくと，前章の (11.1) 式より，

$$\|g(x)-g_\varepsilon(x)\| \leqq \varepsilon \qquad (x \in \bar{\Omega}); \tag{23.4}$$

(23.5)　$g_\varepsilon(\bar{\Omega})$ は X の有限次元部分空間に含まれる．

$g_\varepsilon(\bar{\Omega})$ と p とを含む X の有限次元部分空間を X_ε とし，$\Omega_\varepsilon = X_\varepsilon \cap \Omega$ とおく．$p \notin f_\varepsilon(\partial\Omega_\varepsilon)$．($f_\varepsilon = I - g_\varepsilon$; $\partial\Omega_\varepsilon$ は X_ε における境界)．実際，

$$\begin{aligned}\|p-f_\varepsilon(x)\| &\geqq \|p-f(x)\| - \|f(x)-f_\varepsilon(x)\| \\ &\geqq \delta-\varepsilon > \frac{\delta}{2} \qquad (x \in \partial\Omega).\end{aligned}$$

f_ε を Ω_ε に制限した写像を，やはり f_ε とかく．

$$\deg(f,p,\Omega) = \lim_{\varepsilon\to 0} \deg(f_\varepsilon, p, \Omega_\varepsilon) \tag{23.6}$$

と定める．もっと正確に述べると，X_ε は有限次元空間(次元を N とする)であるから，N 個の基底 $x_1, x_2, \cdots, x_N$ がとれる．p は $p=\sum_{j=1}^N p_j x_j$，$x \in \Omega_\varepsilon$ は $x=\sum_{j=1}^N \lambda_j x_j$, $f_\varepsilon(\sum_{j=1}^N \lambda_j x_j) = \sum_{j=1}^N \mu_j x_j$ と一意的に表される．

$$\begin{aligned}&\hat{\Omega}_\varepsilon = \{\lambda = (\lambda_1, \cdots, \lambda_N);\ \textstyle\sum_{j=1}^N \lambda_j x_j \in \Omega_\varepsilon\}, \\ &\hat{f}_\varepsilon(\lambda) = (\mu_1, \mu_2, \cdots, \mu_N), \\ &\hat{p} = (p_1, \cdots, p_N)\end{aligned}$$

とおくと，$\hat{f}_\varepsilon$ は $\hat{\Omega}_\varepsilon$ の閉包から $\boldsymbol{R}^N$ への連続写像．$\hat{p} \notin \hat{f}_\varepsilon(\partial\hat{\Omega}_\varepsilon)$ となるから，

$$\deg(\hat{f}_\varepsilon, \hat{p}, \hat{\Omega}_\varepsilon) \qquad (\equiv d_\varepsilon) \tag{23.7}$$

が定義できる．$\hat{f}_\varepsilon$ が C^1-級ということと，そのヤコビ行列式の符号は，X_ε の基底のとり方によらない．また $\hat{p}$ が正則値ということも基底のとり方によらない．よって，$\hat{f}_\varepsilon$ が $\hat{\Omega}_\varepsilon$ の閉包で C^1-級．$\hat{p}$ が正則値のとき，d_ε は X_ε の基底のとり方によらない．$\hat{p}$ が臨界値のとき，$d_\varepsilon = \lim_{k\to\infty} \deg(f_\varepsilon, \hat{p}_k, \hat{\Omega}_\varepsilon)$．ここで，$\hat{p}_k$ は $\hat{p}$ に収束する正則値．$\deg(f_\varepsilon, \hat{p}_k, \hat{\Omega}_\varepsilon)$ は X_ε の基底のとり方によらないのであるから，d_ε も基底のとり方によらない．$\hat{f}_\varepsilon$ が単に $\hat{\Omega}_\varepsilon$ の閉包上連続の場合も，同様の理由で，d_ε は X_ε の基底のとり方によらないことがわかる．かくして，d_ε

は意味をもち

$$d_\varepsilon=\deg(f_\varepsilon, p, \Omega_\varepsilon)$$

で表す．この d_ε が ε のとり方によらぬことは次の補題よりわかる．

補題 23.2. g を R^{n+m} の有界閉集合 Ω から R^n への連続写像，p を R^n の点とする．$\bar{g}(x)=(g(x),0)$，$\bar{p}=(p,0)$ とおいて，$g(x)$，p を R^{n+m} の点と同一視すると，

$$(23.8)\qquad \deg(\bar{f}, \bar{p}, \Omega)=\deg(f, p, \Omega\cap R^n).$$

ただし，$\bar{f}=\bar{I}-\bar{g}, f=I-g$ ($I, \bar{I}$ はそれぞれ R^n, R^{n+m} の中の恒等写像)．

証明 $g\in C^2(\bar{\Omega})$，$\bar{p}$ が $\bar{f}=I-\bar{g}$ の正則値の場合に，上式を示せばよい (極限操作をとれ)．定義より，

$$\begin{aligned}\deg(I-\bar{g}, \bar{p}, \Omega) &= \sum_{f(x)=\bar{p}} \operatorname{sgn} J_{\bar{f}}(x)\\ &=\sum_{\bar{f}(x)=\bar{p}} \operatorname{sgn}\det\begin{bmatrix} I_n-\dfrac{\partial g_i}{\partial x_k} & 0 \\ 0 & I_m \end{bmatrix}\begin{matrix} n \\ m\end{matrix}\\ &\qquad\qquad\qquad\quad\ \, n \qquad\quad m\\ &=\sum_{f(x)=p} \operatorname{sgn} J_f(x)\\ &=\deg(f, p, \Omega\cap R^n)\end{aligned}$$

(I_k は $k\times k$ 単位行列)． □

次に，ε を十分小さくとると，

$$\deg(f_\varepsilon, p, \Omega_\varepsilon)=(\varepsilon \text{ によらぬ定数})$$

となることを示そう．ε とは別な $\varepsilon'>0$ に対して，$g_{\varepsilon'}, f_{\varepsilon'}$，$X_{\varepsilon'}, \Omega_{\varepsilon'}$ をとると，

$$(23.9)\qquad \deg(f_\varepsilon, p, \Omega_\varepsilon)=\deg(f_{\varepsilon'}, p, \Omega_{\varepsilon'})$$

を示せばよい．X_ε と $X_{\varepsilon'}$ を含む有限次元空間を $\tilde{X}(\subset X)$ とする．上の補題より，d_ε は $g_\varepsilon(\bar{\Omega})$ と p とを含む有限次元空間のとり方によらぬから，

$$d_\varepsilon=\deg(f_\varepsilon, p, \tilde{X}\cap\Omega);\qquad d_{\varepsilon'}=\deg(f_{\varepsilon'}, p, \tilde{X}\cap\Omega).$$

$\tilde{X}\cap\Omega$ 上でホモトピー;

$$h(x,t)=t(f_\varepsilon(x)-p)+(1-t)(f_{\varepsilon'}(x)-p)$$

を考える．

$$h(x,t)=h(x,t)-t(f(x)-p)-(1-t)(f(x)-p)+(f(x)-p)$$

と変形すると，$\partial(\tilde{X}\cap\Omega)\subset\partial\Omega$ 上で，

$$\|h(x,t)\|\geqq\|f(x)-p\|-t\|f_\varepsilon(x)-f(x)\|-(1-t)\|f_{\varepsilon'}(x)-f(x)\|$$

$$>\delta-\frac{1}{2}\delta t-\frac{1}{2}\delta(1-t)=\frac{1}{2}\delta>0.$$

よって，写像度のホモトピー不変性によって，

$$\deg(f_\varepsilon,p,X_\varepsilon\cap\Omega)=\deg(f_{\varepsilon'},p,X_{\varepsilon'}\cap\Omega).$$

(23.9) を示している．

§24. ルレイ・シャウダー写像度の性質

§22で述べた有限次元空間の中の写像の写像度のすべての性質を，バナッハ空間の中の写像の写像度はもっている．§24では，Ω を X の中の有界開集合，g を $\bar{\Omega}$ から X への連続なコンパクト写像とする．$f=I-g$ とおく．p を $p\notin f(\partial\Omega)$ なる X の与えられた点とする．

定理 24.1. **(ルレイ・シャウダーの不動点定理)** もし $\deg(f,p,\Omega)\neq0$ ならば，$f(x)=p$ は $\bar{\Omega}$ の中に解をもつ．

証明 $f_\varepsilon, g_\varepsilon, \Omega_\varepsilon,\cdots$を前の節で述べた通りとする．このとき，十分小さい$\varepsilon$に対して，

$$\deg(f,p,\Omega)=\deg(f_\varepsilon,p,\Omega_\varepsilon)=\deg(\hat{f}_\varepsilon,\hat{p},\hat{\Omega}_\varepsilon).$$

仮定より，$\deg(f,p,\Omega)\neq0$．よって，$\deg(\hat{f}_\varepsilon,\hat{p},\hat{\Omega}_\varepsilon)\neq0$.

故に命題22.6より，

$$\hat{f}_\varepsilon(\hat{x}_\varepsilon)=\hat{p}$$

なる $\hat{x}_\varepsilon\in$ ($\hat{\Omega}_\varepsilon$ の閉包)が，故に $f_\varepsilon(x_\varepsilon)=p$ なる $x_\varepsilon\in$ (Ω_ε の閉包)が存在する．Ω は有界集合で，g はコンパクト写像であるから，$\{g(x_\varepsilon)\}$ から収束する部分列(それを $\{g(x_\varepsilon)\}$ とやはりかく)がとりだせる．等式

$$x_\varepsilon-g(x_\varepsilon)-p=f_\varepsilon(x_\varepsilon)-p+g_\varepsilon(x_\varepsilon)-g(x_\varepsilon)=g_\varepsilon(x_\varepsilon)-g(x_\varepsilon)$$

より，(23.4) のため，

$$\|x_\varepsilon-g(x_\varepsilon)-p\|\leqq\varepsilon.$$

よって，$x_\varepsilon-g(x_\varepsilon)-p\to0$ $(\varepsilon\to0)$．$g(x_\varepsilon)$ は収束するから，x_ε も収束する．その極限を $x_0(\in\bar{\Omega})$ とかく．g の連続性より，$g(x_\varepsilon)\to g(x_0)$．故に，

$$f(x_0)-p=x_0-g(x_0)-p=\lim_{\varepsilon\to 0}(x_\varepsilon-g(x_\varepsilon)-p)=0.$$

$\bar{\Omega}$ の中に解 x_0 をもつ. □

定理 24.2. Ω を X の中の有界開集合，p を X の点とする．連続写像 $g:\bar{\Omega}\times[0,1]\to X$ が,

(24.1) $$h(x,t)\equiv x-g(x,t)\neq p \qquad (x\in\partial\Omega,\ 0\leqq t\leqq 1)$$

を満たしコンパクト写像であれば,

(24.2) $$\deg(h(\cdot,t),p,\Omega)=一定 \qquad (0\leqq t\leqq 1)$$

さらに，g' を上の g と同じ性質をもつ写像で,

$$g(x,t)=g'(x,t) \qquad (x\in\partial\Omega,\ 0\leqq t\leqq 1)$$

ならば,

(24.3) $$\deg(h(\cdot,t),p,\Omega)=\deg(h'(\cdot,t),p,\Omega) \qquad (0\leqq t\leqq 1)$$

$$(h'(x,t)=x-g'(x,t)).$$

証明 補題 11.4 を，X として $X\times R^1$, $\bar{\Omega}$ として $\bar{\Omega}\times[0,1]$, $Y=X$ として適用する．任意の $\varepsilon>0$ に対して,

(i) $\|g(x,t)-g_\varepsilon(x,t)\|<\varepsilon \qquad (x\in\bar{\Omega},\quad 0\leqq t\leqq 1)$,

(ii) $\{g_\varepsilon(x,t);\quad x\in\bar{\Omega},\ 0\leqq t\leqq 1\}$ は有限次元空間,

なる性質をもつコンパクトな写像 $g_\varepsilon(x,t)$ が存在する．実際，$g_\varepsilon(x,t)=Pg(x,t)$ とせよ (P はシャウダー射影作用素).

他方，$\{h(x,t);x\in\partial\Omega,0\leqq t\leqq 1\}$ は閉集合であるから，p との距離 δ は正．また $0<\varepsilon<\delta/2$ くらいに ε を小さくとる．p と $g_\varepsilon(x,t)$ $(0\leqq t\leqq 1, x\in\partial\Omega)$ の値域を含む有限次元空間を X_ε とする．上の定理は有限次元空間の場合に帰着されて,

$$\deg(h(\cdot,t),p,\Omega)=\deg(h_\varepsilon(\cdot,t),p,X_\varepsilon\cap\Omega)=\deg(h_\varepsilon(\cdot,0),p,X_\varepsilon\cap\Omega)$$
$$=\deg(h(\cdot,0),p,\Omega).$$

これは定理を示している. □

定理 24.3. **(領域の分解)** この §24 の Ω, f に対しても命題 22.4 は成立.

定理 24.4. **(積公式)** $X_i(i=1,2)$ をバナッハ空間，Ω_i を X_i の有界開集合，p_i を X_i の点，f_i を $\bar{\Omega}_i$ から X_i への連続写像で，$I-f_i$ はコンパクト，かつ $f_i(\partial\Omega_i)\not\ni p_i$. $X=X_1\oplus X_2$, $\Omega=\Omega_1\times\Omega_2$, $f=(f_1,f_2)$, $p=(p_1,p_2)$ とおくと,

(24.4)　$\deg(f, p, \Omega)=\deg(f_1, p_1, \Omega_1)\deg(f_2, p_2, \Omega_2)$.

(上のふたつの定理の証明は命題 22.4，命題 22.5 より容易にわかる)

§25*. 写像のインデックス

Ω をバナッハ空間 X の有界開集合，f を，$f(x)\neq 0$ $(x\in\partial\Omega)$ なる $\bar{\Omega}$ から X への連続写像，$x_0\in\Omega$ を

$$f(x_0)=0$$

の孤立した解とする．x_0 は孤立しているから，ε を十分小さくとると，$f(x)=0$ の解は $B(x_0, \varepsilon)$ (x_0 中心，半径 ε の球) の中に $x=x_0$ 以外存在しないようにできる．このとき，$\deg(f, 0, B(x_0, \varepsilon))$ は ε によらぬ(定理 24.3 より示される．問題)．これを写像 f の x_0 における**インデックス**という．$\deg(f, 0, B(x_0, \varepsilon))$ を計算しよう．そのために，次の仮定をおく．

仮定 1.　$f\in C^1(\Omega)$ かつ $I-f(\equiv g)$ はコンパクト；

仮定 2.　$D_xf(x_0)\equiv f_x(x_0)$ は可逆．

主張：$g_x(x_0)$ $(\equiv T)$ はコンパクト．

実際，コンパクトでないとすれば，

$$\|x_j\|\leqq 1, \qquad \|g_x(x_0)x_j-g_x(x_0)x_k\|\geqq\varepsilon \qquad (\forall j, k)$$

となる点列 $\{x_j\}$ と正数 ε が存在する．g は C^1-級であるから，

$$\|g(x_0+\lambda x_i)-g(x_0)-\lambda g_x(x_0)x_i\|\leqq\frac{1}{4}\lambda\varepsilon$$

となるくらい小さい正数 λ が存在．よって，

$$\begin{aligned}\frac{\varepsilon\lambda}{2}&\geqq\|g(x_0+\lambda x_j)-g(x_0)-\lambda g_x(x_0)x_j-g(x_0+\lambda x_k)+g(x_0)+\lambda g_x(x_0)x_k\|\\&\geqq\lambda\|g_x(x_0)x_j-g_x(x_0)x_k\|-\|g(x_0+\lambda x_j)-g(x_0+\lambda x_k)\|\\&\geqq\varepsilon\lambda-\|g(x_0+\lambda x_j)-g(x_0+\lambda x_k)\|.\end{aligned}$$

よって，

$$\|g(x_0+\lambda x_j)-g(x_0+\lambda x_k)\|\geqq\frac{\varepsilon\lambda}{2} \qquad (\forall j, k).$$

これは，g がコンパクトであるという仮定に反する．これは，主張を示している．

$g_x(x) \equiv T$ はコンパクト作用素であるから，リース・シャウダー(Riesz-Schauder) の理論(黒田 [2]，定理 11.29)より，λ が固有値ならば，

$$\mathrm{Ker}(\lambda I-T) \subsetneqq \mathrm{Ker}(\lambda I-T)^2 \subsetneqq \cdots \subsetneqq \mathrm{Ker}(\lambda I-T)^p = \mathrm{Ker}(\lambda I-T)^{p+1} = \cdots$$

となる p が存在(問題)し，

$$\dim \mathrm{Ker}(\lambda I-T)^p (\equiv n_\lambda) < \infty.$$

n_λ を固有値 λ の多重度という．

定理 25.1. (ルレイ・シャウダー) 前頁の仮定1と仮定2の下で，

$$\deg(f, 0, B(x_0, \varepsilon)) = (-1)^\beta. \tag{25.1}$$

ここで，$\beta = \sum_{\lambda>1} n_\lambda$ (λ は1より大きいすべての実の固有値を動く)．

証明 (第1段) $f=f(x)$ の代わりに，$f(x+x_0)-f(x_0)$ を考えればよいから，$x_0=0$ と仮定してもよい．このとき，$f(0)=0$. よって $g(0)=0$. したがって，

$$g(x,t) = \frac{1}{t} g(tx) \quad (0<t\leqq 1);\ = Tx \qquad (t=0),$$

$$h(x,t) = x - g(x,t)$$

と定めると，$g(x,t)$ は $\bar{\Omega}\times[0,1]$ から X への連続なコンパクト写像である．さらに，$h(x,t)$ は

$$h(x,t) \neq 0 \qquad (\|x\|=\varepsilon,\ 0\leqq t\leqq 1).$$

実際，$h(x,0)=f_x(0)x$ であるから仮定2より，$t=0$ のときは成立．$h(x,t)=0$ なる x ($\|x\|=\varepsilon$) と t ($0<t\leqq 1$) が存在するとすれば，$g(tx)=tx$ となる．すなわち，$f(tx)=0$. 他方，$f(x)=0$ の解は $B(0,\varepsilon)$ のうち $x=0$ 以外にないから，$tx=0$. すなわち $x=0$. これは，$\|x\|=\varepsilon$ に矛盾する．

よって，定理 24.2 より $h(x,1)=f(x)$ のため，

$$\deg(f, 0, B(0,\varepsilon)) = \deg(I-T, 0, B(0,\varepsilon)). \tag{25.2}$$

T はコンパクトな線型作用素であるから，0 以外に T の固有値は集積しえない．また 0 以外の固有値の多重度は有限．1より大きい実の固有値を $\{\lambda_j\}_{j=1}^N$ とする；1は仮定2より，T の固有値でない．

$$1<\lambda_N<\lambda_{N+1}<\cdots<\lambda_1<+\infty.$$

すべての λ_j に対する一般化された固有ベクトル全体によって張られる空間を

X_0, T の X_0 への制限を T_0 とおく. Xを

$$X=X_0+X_1$$

と分解し, $T_1=T-T_0$ とおく. 領域の 分解定理 と 積定理より, $\deg(I-T,0,B(0,\varepsilon))=\deg(I-T,0,(B(0,\varepsilon)\cap X_0)\times(B(0,\varepsilon)\cap X_1))=\deg(I-T_0,0,B(0,\varepsilon)\cap X_0)\deg(I-T_1,0,B(0,\varepsilon)\cap X_1)$. もし $(I-tT_1)x_1=0\,(0<t\leqq 1,\ x_1\in X_1)$ ならば, x_1 は $1/t$ を固有値にもつ固有ベクトル. よって, $x_1\in X_0$. よって, $x_1\in X_0\cap X_1$. これより, $x_1=0$. $t=0$ の場合も, $x_1=0$ を得る. よって, $(I-tT_1)x_1\neq 0$ $(0\leqq t\leqq 1,\ x_1\in\partial(B(0,\varepsilon)\cap X_1))$. 故に,

$$\deg(I-T_1,0,B(0,\varepsilon)\cap X_1)=\deg(I,0,B(0,\varepsilon)\cap X_1)=1.$$

かくして,

$$(25.3)\qquad \deg(I-T,0,B(0,\varepsilon))=\deg(I-T_0,0,B(0,\varepsilon)\cap X_0).$$

(第2段) 上式の右辺$=(-1)^\beta$を示す. X_0 の次元を n とする. X_0 の基底をとり, T_0 を 行列で表せば(それを $\tilde{T}_0$ とかく), $\tilde{T}_0$ は $\boldsymbol{R}^n$ から $\boldsymbol{R}^n$ への 線型写像で, $\tilde{T}_0$ の すべての実の固有値は

$$1<\lambda_N<\cdots<\lambda_2<\lambda_1;$$

λ_j の(代数的)多重度を n_j とする. さらに,

$$(25.4)\qquad \deg(I-T_0,0,B(0,\varepsilon)\cap X_0)=\deg(I-\tilde{T}_0,0,\tilde{B}(0,\varepsilon))$$
$$=\operatorname{sgn}\det(I-\tilde{T}_0).$$

ここで $\tilde{B}(0,\varepsilon)$ は (23.6) と同様に, $B(0,\varepsilon)\cap X_0$ から 定められた $\boldsymbol{R}^n$ での O の近傍である.

$$\varphi(\lambda)=\operatorname{sgn}\det(\lambda I-\tilde{T}_0)\qquad(\lambda:\text{実数})$$

と定めると,

(i) $\varphi(\lambda)=$一定 $\quad(\lambda_i<\lambda<\lambda_{i+1})$,

(ii) $\varphi(\lambda)=1 \quad(\lambda>\lambda_1)$,

(iii) $\varphi(\lambda_i+\varepsilon)=(-1)^{n_i}\varphi(\lambda_i-\varepsilon) \quad(\varepsilon:\text{十分小})$.

実際, $\det(\lambda I-\tilde{T}_0)$ は実数値連続で, 十分大きい λ に 対して正, $\lambda_i<\lambda<\lambda_{i+1}$ に対して符号は一定である. これは(i), (ii) を示している. $\varphi(\lambda)/(\lambda-\lambda_i)^{n_i}$ は $\lambda=\lambda_i$ の近傍で実数値連続関数でゼロでない. よって, $\lambda=\lambda_i$ の近くで符号は一定. 故に,

$$\operatorname{sgn}\varphi(\lambda_i+\varepsilon)=\operatorname{sgn}\frac{\varphi(\lambda_i+\varepsilon)}{(\lambda_i+\varepsilon-\lambda_i)^{n_i}}\operatorname{sgn}(\lambda_i+\varepsilon-\lambda_i)^{n_i}$$

$$=\operatorname{sgn}\frac{\varphi(\lambda_i-\varepsilon)}{(\lambda_i-\varepsilon-\lambda_i)^{n_i}}\operatorname{sgn}(\lambda_i-\varepsilon-\lambda_i)^{n_i}\operatorname{sgn}\frac{(\lambda_i+\varepsilon-\lambda_i)^{n_i}}{(\lambda_i-\varepsilon-\lambda_i)^{n_i}}$$

$$=\operatorname{sgn}\varphi(\lambda_i-\varepsilon)\cdot(-1)^{n_i}$$

これは (iii) を示している．よって，

$$1=\varphi(\lambda_1+\varepsilon)=(-1)^{n_1}\varphi(\lambda_1-\varepsilon)=(-1)^{n_1}\varphi(\lambda_2+\varepsilon)$$

$$=(-1)^{n_1+n_2}\varphi(\lambda_2-\varepsilon)=\cdots=(-1)^{\beta}\varphi(\lambda_N-\varepsilon)$$

$$=(-1)^{\beta}\varphi(1).$$

ここに，$\beta=n_1+n_2+\cdots+n_N$. すなわち(25.4)より

$$\deg(I-T_0, 0, B(0,\varepsilon)\cap X_0)=\varphi(1)=(-1)^{\beta}.$$

これと，(25.2), (25.3) より，(25.1) を得る． □

§26. 応用．常微分方程式の境界値問題

2階常微分方程式の境界値問題：

$$(26.1)\qquad \begin{cases} u''=g(x,u,u'), & 0<x<1; \\ u(0)=a, & u(1)=b \end{cases}$$

の解の存在を，写像度の理論を用いて述べよう．ただし，$g=g(x,y,z)$ は，$0\leqq x\leqq 1$, $-\infty<y<\infty$, $-\infty<z<\infty$なる範囲で連続な関数である．(南雲道夫による)次の定理が成立．

定理 26.1. $0\leqq x\leqq 1$ で C^2-級で，$\underline{\omega}(x)<\bar{\omega}(x)$，かつ，次の不等式を満たす関数 $\bar{\omega}(x)$, $\underline{\omega}(x)$ が存在するとしよう．

$$(26.2)\qquad \begin{cases} \bar{\omega}''(x)\leqq g(x,\bar{\omega}(x),\bar{\omega}'(x)); & \underline{\omega}''(x)\geqq g(x,\underline{\omega}(x),\underline{\omega}'(x)), \\ \underline{\omega}(0)<a<\bar{\omega}(0); & \underline{\omega}(1)<b<\bar{\omega}(1). \end{cases}$$

さらに，

(26.3) $|g(x,y,z)|\leqq L(1+z^2)$ $(0\leqq x\leqq 1,\ \underline{\omega}(x)<y<\bar{\omega}(x),\ -\infty<z<\infty)$

が成立すると仮定する (L は定数)．このとき，(26.1) は

$$\underline{\omega}(x)\leqq u(x)\leqq \bar{\omega}(x)$$

を満たす解 u をもつ．

証明 まず，

(26.4) $$a=b=0$$

と仮定してもよい．実際，

$$u=a(1-x)+bx+v$$

として，v の微分方程式とすればよいから．さらに，

(26.5) $$\underline{\omega}''(x)>0>\bar{\omega}''(x)$$

と仮定してもよい．実際，計算によって，

$$\bar{\omega}^*(x)=1+x(1-x); \qquad \underline{\omega}^*(x)=-1-x(1-x),$$

$$v(x)=\{\bar{\omega}^*(x)(u-\underline{\omega})+\underline{\omega}^*(x)\cdot(\bar{\omega}-u)\}/(\bar{\omega}-\underline{\omega})$$

とおくと所要の性質をもつことがわかる．このとき，v に関する微分方程式の解の存在が u の解の存在を与える．

以下，(26.4), (26.5) の場合に定理を示す．(26.1) を積分方程式

(26.6) $$u(x)=\int_0^1 k(x,y)g(y,u(y),u'(y))dy$$

に変換する．ここで，k はグリーン関数：

$$k(x,y)=-(1-x)y \qquad (0\leqq y\leqq x);=-(1-y)x \qquad (x\leqq y\leqq 1).$$

バナッハ空間 $C^1([0,1])$ の中に有界開集合

$$\Omega=\{u\in C^1([0,1]);\ \underline{\omega}(x)<u(x)<\bar{\omega}(x),\ |u'(x)|<M\}$$

を定める．パラメータ M を十分大きくとると，Ω の中に (26.6) は解をもつことを示す．$v\in\bar{\Omega}$ に対して，

$$g(v)(x)=\int_0^1 k(x,y)g(y,v(y),v'(y))dy$$

と定めると，g は $\bar{\Omega}$ から $C^1([0,1])$ へのコンパクトな連続写像である．§1で示したと同様にして，一様有界であることと，同程度連続性は，容易に示されるからである(各自検証せよ)．

$$h(v,t)=v-tg(v)$$

とおき，M を十分大きくとると

(26.7) $$h(v,t)\neq 0 \qquad (v\in\partial\Omega,\ 0<t<1)$$

を示す．$h(v,1)=0$ なる $v\in\partial\Omega$ が存在すれば，定理の証明は終わる．$h(v,1)\neq 0$ $(v\in\partial\Omega)$ と仮定すると，$t=0$ の場合は明らかに成立するから，$(0\notin\partial\Omega$ は

以下を見よ)，(26.7) が $v\in\partial\Omega$　$0\leqq t\leqq 1$ で成立．

このとき定理 24.2 より，

$$\deg(h(\cdot,1),0,\Omega)=\deg(h(\cdot,0),0,\Omega).$$

$\underline{\omega}''(x)>0$，$\underline{\omega}(0)<0$，$\underline{\omega}(1)<0$ であるから，

$$\underline{\omega}(x)<0.$$

同様に，$\bar{\omega}(x)>0$．よって，$0\in\Omega$ であり $h(v,0)=0$ を満たす唯一つの解．故に

$$\deg(h(\cdot,0),0,\Omega)=1.$$

よって，

$$\deg(h(\cdot,1),0,\Omega)\neq 0.$$

定理 24.1 より，

$$v=g(v)$$

は Ω の中に解 v をもつ．いずれの場合にしても，(26.7) の成立を仮定すれば定理は示される．以下，(26.7) を矛盾によって示す．

ある t $(0<t<1)$ に対して，$v=tg(v)$ となる $v\in\partial\Omega$ が存在したとすると，

(26.8) $$v''(x)=tg(x,v(x),v'(x));\qquad v(0)=v(1)=0$$

かつ，$0\leqq x_0\leqq 1$ なるある x_0 に対して次の三つの場合

(26.9) $$\underline{\omega}(x_0)=v(x_0);\qquad \bar{\omega}(x_0)=v(x_0);\qquad |v'(x_0)|=M$$

のいずれかが成立する．

(26.10) $$v(x_0)=\underline{\omega}(x_0)$$

としよう．境界条件より，$0<x_0<1$．$v(x)-\underline{\omega}(x)$ は $x=x_0$ で極小となるから，

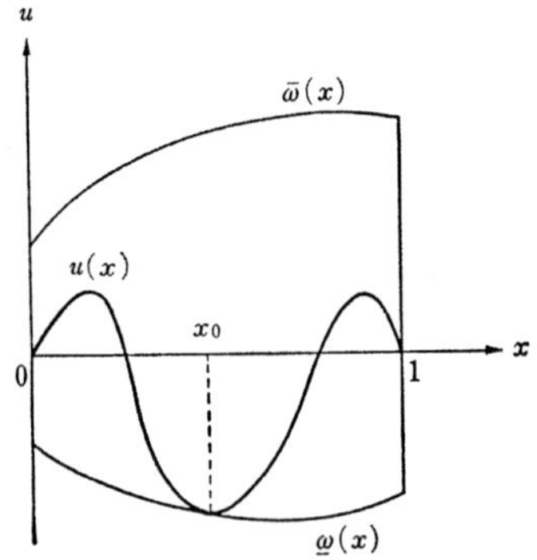

図 6

$$v'(x_0)=\underline{\omega}'(x_0); \qquad v''(x_0)\geqq\underline{\omega}''(x_0).$$

よって，

$$\begin{aligned}g(x_0,\underline{\omega}(x_0),\underline{\omega}'(x_0))&\leqq\underline{\omega}''(x_0)\\&\leqq v''(x_0)=tg(x_0,v(x_0),v'(x_0))\\&=tg(x_0,\underline{\omega}(x_0),\underline{\omega}'(x_0)).\end{aligned}$$

これより，$g(x_0,\underline{\omega}(x_0),\underline{\omega}''(x_0))\leqq 0$. よって，$\underline{\omega}''(x_0)\leqq 0$. これは，(26.5) に反する．(26.10)を満たす x_0 は存在しない．同様にして，$v(x_0)=\bar{\omega}(x_0)$ となる x_0 は存在しない．$0\leqq x\leqq 1$ において，$|\bar{\omega}(x)|<N$, $|\underline{\omega}(x)|<N$ とし，$M=\exp(2LN)$ ととれば，$v'(x_0)=M$ となる x_0 は存在しない．実際，$v(0)=v(1)=0$ であるから，$v'(c)=0$ となる $c\,(0<c<1)$ が存在．$c<x_0$ としよう．そのような c の上限を c_0 とする $(c_0<x_0)$.

$$\varphi_{\pm}(v,v')=\frac{1}{2}\log(1+v'^2)\mp Lv \qquad (\text{複号同順})$$

とおくと，$0\leqq v'\leqq M$, $(c_0<x<x_0)$ であるから，(26.3) より

$$\frac{d}{dx}\varphi_{+}(v,v')=\frac{v'}{1+v'^2}(tg(x,v,v')-L(1+v'^2))<0.$$

よって，これを x について c_0 から x_0 まで積分すると，

$$\frac{1}{2}\log(1+M^2)-Lv(x_0)\leqq -Lv(c_0). \tag{26.11}$$

故に，

$$1+M^2\leqq\exp(4LN). \tag{26.12}$$

これは不可能である．$x_0<c$ の場合を考える．そのような c の下限を c_0 とする．$x_0<x<c_0$ とすると，そこで $v'(x)\geqq 0$ であるから，

$$\frac{d}{dx}\varphi_{-}(v,v')>0.$$

よって，これを x について x_0 から c_0 まで積分すると，$-L$ を L で置き換えた (26.11)，したがって (26.12) がやはり成立することがわかる．いずれの場合にせよ，$v'(x_0)=M$ となる x_0 は存在しない．同様にして，$v'(x_0)=-M$ となる x_0 は存在しないことが示される．これは(26.7)を示している．

問　題　3

1.　Ωを (x_1, x_2) 平面 $\boldsymbol{R}^2$ 上の

$$0<x_1<1, \qquad -1<x_2<1$$

なる領域とし，Ωで写像f:

$$f: \begin{pmatrix} x_1 \\ x_2 \end{pmatrix} \to \begin{pmatrix} x_1' \\ x_2' \end{pmatrix} = \begin{pmatrix} x_1 + x_2 \\ x_2{}^2 \end{pmatrix}$$

を考える．$p=(-1/2,\ 1/2)$，$p=(1, 1/2)$ における写像度 $\deg(f, p, \Omega)$ を求めよ．

2.　$\boldsymbol{R}^n$ から $\boldsymbol{R}^n$ へのアフィン写像f:

$$f(x)=Ax+b$$

を考える．Aは$n\times n$ 可逆行列，bはn次元ベクトルである．$c\in\boldsymbol{R}^n$ に対し，$f(x)=c$ なる解のひとつを $x=x_0\in\boldsymbol{R}^n$ とする：$f(x_0)=c$．このとき，$\deg(f, c, \sum_\varepsilon)$ を求めよ．$\sum_\varepsilon$ は x_0 を中心，半径 ε の球である．

3.　**(ボルスク・ウラム(Borsuk–Ulam)の定理)**　fを S^n から $\boldsymbol{R}^n$ への連続写像とする(S^n はn次元単位球面)．このとき，$f(x_0)=f(-x_0)$ となる点 x_0 が S^n 上に存在する．

4.　閉集合の族 $A_1, \cdots, A_{n-1}$ が S^{n-1} を覆っているとする．このとき，

$$p, -p\in A_i$$

となる A_i と S^{n-1} の点pが存在する．

5.　**(クラスノセルスキー(Krasnosel'skii)**の不動点定理)　Hをヒルベルト空間，fをHからHへのコンパクトな連続写像とする．もし十分Rを大きくとると，

$$(f(x), x) \leqq \|x\|^2 \qquad (\|x\|=R)$$

が成立すれば，$f(x)=x$ となる $x\in H$ が存在する．

6*.　§25 において，$\deg\ (f, 0, B(x_0, \varepsilon))$ は ε によらぬことを述べたが，これを示せ．

7*.　§25 において，

$$\mathrm{Ker}(\lambda I-T) \subsetneqq \cdots \subsetneqq \mathrm{Ker}(\lambda I-T)^p = \mathrm{Ker}(\lambda I-T)^{p+1}$$

なるpの存在を用いた．これを示せ．

第 4 章

変 分 的 方 法

§27. 古典変分法(直接的方法)

D をなめらかな境界をもつ R^n の有界領域とする．このとき，「任意の $g\in L^2(D)$ に対して，

$$\begin{cases} -\Delta u=g & (D\text{ の中}) \\ u=0 & (D\text{ の境界 } S\text{ 上}) \end{cases} \tag{27.1}$$

を満たす u を求めよ」という境界値問題は，次の $H_0^1(D)$ 上の汎関数 f の極値として与えられる．

$$f(u)=\frac{1}{2}\int_D|\nabla u|^2dx-\int_D gudx \tag{27.2}$$

$$\left(|\nabla u|^2=\left(\frac{\partial u}{\partial x_1}\right)^2+\cdots+\left(\frac{\partial u}{\partial x_n}\right)^2\right)$$

すなわち，

$$f(u_0)=\inf_{u\in H_0^1(D)} f(u) \tag{27.3}$$

となる $u_0\in H_0^1(D)$ が求める (27.1) の解である．このような極値を与える u_0 の存在は次のようにしてわかる．シュワルツ (Schwarz) の不等式より，任意の $\varepsilon>0$ に対して，

$$(27.2)\text{ の右辺第 2 項}\leqq\varepsilon\|u\|_{L^2}^2+\frac{1}{\varepsilon}\|g\|_{L^2}^2. \tag{27.4}$$

ポアンカレ (Poincaré) の不等式

$$\|u\|_{L^2}^2\leqq M_0\|\nabla u\|_{L^2}^2,\qquad u\in H_0^1(D) \tag{27.5}$$

(付録をみよ)を用いると，(27.2)，(27.4)より

$$f(u) \geqq \left(\frac{1}{2} - \varepsilon M_0\right) \|\nabla u\|_{L^2}^2 - \frac{1}{\varepsilon}\|g\|_{L^2}^2 \tag{27.6}$$

よって，$0<\varepsilon<M_0/2$ くらい ε を小さくとれば，$f(u)$ は $H_0^1(D)$ 上で下に有界となることがわかる：

$$\inf_{u\in H_1^0(D)} f(u)\,(\equiv\gamma) > -\infty.$$

下限の性質より，

$$f(u_k)\to\gamma \tag{27.7}$$

となる $\{u_k\}\subset H_0^1(D)$ が存在する．$\{u_k\}$ は $H_0^1(D)$ の有界列である．実際，もし有界列でなければ，ポアンカレの不等式 (27.5) より，$\{\|\nabla u_k\|_{L^2}\}$ も非有界列である．よって，(27.6)の右辺は，部分列を適当にとれば，発散するようにできる．これは，(27.7)に反する．$H_0^1(D)$ はヒルベルト空間であるから，有界列 $\{u_k\}$ から弱収束する部分列 $\{u_{k_j}\}$ がとりだせる．その極限を $u_0(\in H_0^1(D))$ とすると，ヒルベルト空間の基礎的事柄より，

$$\|u_0\|_{H^1} \leqq \underline{\lim}\|u_{k_j}\|_{H^1}.$$

よって，(27.2)において，$u=u_{k_j}$ とおき，極限をとれば，

$$f(u_0) \leqq \underline{\lim}\, f(u_{k_j}).$$

($H_0^1(D)$ のノルムとして，$\|\nabla u\|_{L^2}$ をとって考えよ)

しかるに，(27.7)より，

$$\underline{\lim}\, f(u_{k_j}) = \lim f(u_{k_j}) = \gamma$$

であるから，$f(u_0)\leqq\gamma$．$f(u_0)\geqq\gamma$ は明らかより，$f(u_0)=\gamma$ を得る．(27.3)の成立を示している．この u_0 が $H^2(D)$ に属するということは，偏微分方程式でよく知られている(溝畑［6］，p. 201)．

§28.　極値の存在

ここでは前節に述べたことを，いささか一般的に論じよう．バナッハ空間 X の中の閉集合 Ω で定義された汎関数 f の Ω 上での極値：

$$f(x_0) = \inf_{x\in\Omega} f(x) \tag{28.1}$$

となる $x_0\in\Omega$ の存在を問題とする．x_0 が (28.1) を満たすとしよう．$X=R^1$

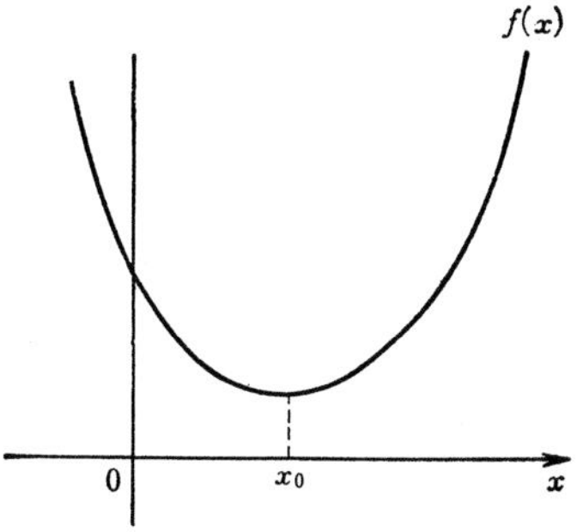

図 7

の場合の類推から，もし f が C^1-級であれば，

$$f'(x_0)=0$$

(f': フレッシェ微分)が期待される．実際，次の定理が示される．

定理 28.1. f を Ω 上のフレッシェ微分可能な汎関数とする．もし Ω のある内点 x_0 で (28.1) を満たせば，x_0 は臨界点である．すなわち，

$$f'(x_0)=0. \tag{28.2}$$

証明 任意の $h\in X$ に対して，十分小さく t をとれば，x_0 は内点より，$x_0+th\in\Omega$. よって，(28.1) より，

$$f(x_0)\leqq f(x_0+th) \qquad (|t|\text{: 十分小}).$$

よって，

$$\frac{f(x_0+th)-f(x_0)}{t}\geqq 0, \qquad t>0.$$

f は C^1-級であるから，上式で $t\downarrow 0$ とすれば，

$$f'(x_0)[h]\geqq 0.$$

h を $-h$ としても成立するから，

$$f'(x_0)[h]=0, \qquad h\in X.$$

よって，h は任意であったから，(28.2) すなわち

$$f'(x_0)=0. \qquad \square$$

さて，(28.1) を満たす x_0 の存在が大切である．x_0 の存在を保証するには，f にさまざまな条件をつけなければならない．そのひとつは次の定理である．

定理 28.2. Ω を反射的バナッハ空間 X の中の閉凸集合とする．Ω 上で定

義された下に弱半連続(または下に半連続で凸)な実数値関数 f が，次の(i)，(ii) のいずれかの条件を満たすとする：

(i) Ω は有界，

または

(ii) **コアーシブ**(coercive)**条件**. Ω は非有界とする. $\|x_n\|\to\infty\ (x\in\Omega)$ なる任意の点列 $\{x_n\}$ から $f(x_{n'})\to+\infty$ となる部分列 $\{x_{n'}\}$ がとりだせる.

このとき，

$$f(x_0)=\inf_{x\in\Omega}f(x) \tag{28.3}$$

となる x_0 が Ω の中に少なくともひとつ存在する. もし f が Ω 上厳密な意味で凸であれば，そのような x_0 はただひとつである.

証明 (28.3) の右辺を γ とおく. $\{x_n\}$ を $f(x_n)\to\gamma$ なる Ω の中の点列とする. 任意の $\gamma'>\gamma$ に対して，N を十分大きくとれば，

$$f(x_n)<\gamma' \qquad (n\geqq N). \tag{28.4}$$

上のごとき $\{x_n\}$ は有界列である. 実際，(i) の場合は明らか. (ii) の場合，もし有界でなければ，$\|x_{n_j}\|\to\infty$，$f(x_{n_j})\to\infty$ となる部分列 $\{x_{n_j}\}$ が存在する. これは $f(x_n)\to\gamma$ に反する. よって，$\{x_n\}$ は有界列. しかるに X は反射的バナッハ空間であるから，有界列より，弱収束する部分列がとりだせる(その部分列をやはり $\{x_n\}$ で表そう). その弱極限を x_0 とする. f が下に弱半連続なら，この x_0 が求める点である. 下に半連続で凸なら，任意の ε に対して正数 δ を適当に選ぶと，

$$f(x_0)<f(x)+\varepsilon \qquad (\|x-x_0\|<\delta). \tag{28.5}$$

これより，$\gamma>-\infty$. また，マズーア(Mazur)の補題(付録)より，(28.4) のごとき N に対して正数 k と $\sum_{j=1}^k c_j=1$ となる非負 c_j を適当に選ぶと

$$\|x_0-\sum_{j=1}^k c_j x_{N+j}\|<\delta.$$

$x_n\in\Omega$ かつ Ω は凸集合より，$\sum_{j=1}^k c_j x_{N+j}\in\Omega$. よって，(28.4)，(28.5) より

$$\gamma\leqq f(x_0)\leqq\sum_{j=1}^k c_j f(x_{N+j})+\varepsilon<\gamma'+\varepsilon.$$

γ' と ε は任意であったから，

$$f(x_0)=\gamma.$$

次に，もしfが厳密な意味で凸とすれば，上のごときx_0はただひとつであることを示そう．x_1 を $f(x_1)=\gamma$ となる Ω の任意の点とする．もし $x_1 \neq x_0$ ならば，

$$\frac{1}{2}(x_0+x_1)\in\Omega \quad かつ \quad f\left(\frac{1}{2}(x_0+x_1)\right)<\frac{1}{2}f(x_0)+\frac{1}{2}f(x_1)=\gamma.$$

矛盾である．よって，$f(x)=\gamma$ を満たす Ω の点xは x_0 にかぎる． □

例 28.3. §27で考えた問題に上に示した定理を適用してみよう．$X=H_0^1(D)$，$\Omega=X$，f として，(27.2) で定めたfをとる．例2.7より，fは下に弱半連続．また半連続で厳密な意味で凸な汎関数である．コアーシブの条件も満たす．故に，前頁の定理28.2より，

$$\inf_{u\in H_0^1(D)} f[u]=f[u_0]$$

を満たす u_0 が $H_0^1(D)$ の中にただひとつ存在する．f は C^1-級の汎関数であるから(定理28.1)，

$$f'(u_0)=0.$$

しかるに，

$$\frac{d}{dt}f(u_0+t\zeta)\,|_{t=0}=\int_D \nabla u_0 \nabla\zeta dx-\int_D g\zeta dx \qquad (\zeta\in H_0^1(D))$$

であるから，

$$(\nabla u_0, \nabla\zeta)_{L^2}=(g,\zeta)_{L^2}, \qquad \zeta\in H_0^1(D).$$

これは，u_0 が (27.1) の一般化された解であることを示している

§29. パレー・スメイル条件

f が凸とはかぎらぬバナッハ空間 X 上の C^1-級汎関数の場合を次に考えてみよう．

極値の存在を保証する有効な条件として，パレー・スメイル(Palais–Smale)条件がある．

パレー・スメイル条件(P–S 条件)　もし X の中の点列 $\{x_n\}$ が，

(i)　$|f(x_n)|$ は有界．

(ii)　$f'(x_n)$ は $n\to\infty$ のとき(X^* のノルムで)ゼロに収束する．

なるふたつの条件を満たせば，そこから強収束する部分列がとりだせる．

定理 29.1. 下に有界で，(P-S) 条件を満たす X 上の C^1-級汎関数 f は，つねにある点で最小値をとる．

証明 X がヒルベルト空間，f が C^2-級の場合に証明を与えておこう．$\inf_{x\in X} f(x)\ (\equiv\gamma)$ をとる x_0 が X の中に存在しないと仮定して矛盾を導く．

補題 29.2. もし β が f の臨界値でなければ，すなわち，β の f による原像 $f^{-1}(\beta)$ がひとつも臨界点を含まなければ正数 ε を適当にとると

$$I_{\beta+\varepsilon}=\{x\in X;\ \beta-\varepsilon\leqq f(x)\leqq\beta+\varepsilon\}$$

は，$f'(x)=0$ となる点をひとつも含まないようにできる．

証明 任意の $n>0$ に対して，$I_{\beta+(1/n)}$ が $f'(x)=0$ となる点を少なくともひとつ含んでいたとしよう．それを x_n とかくと，$f(x_n)$ は有界，$f'(x_n)=0$ であるから，(P-S) 条件より，$\{x_n\}$ から強収束する部分列 $\{x_{n'}\}$ がとりだせる．この極限を x_0 としよう．$f'(x_0)=0$ である．また，

$$\beta-\frac{1}{n'}\leqq f(x_{n'})\leqq\beta+\frac{1}{n'}$$

より，$n'\to\infty$ とすれば，f は連続であるため，$f(x_0)=\beta$ を得る．矛盾．

補題 29.3. 任意の $y\in X$ に対して，常微分方程式

$$\frac{d}{dt}x=-f'(x);\qquad x(0)=y \tag{29.1}$$

は，区間 $[0,\infty)$ 上で存在する解をもつ．

証明 局所解の存在は，定理 14.1 の場合と同様に示される．大域的に存在することを示そう．$f(x(t))$ を微分すると，

$$\frac{d}{dt}f(x(t))=\left(f'(x(t)),\frac{dx(t)}{dt}\right)=-\|f'(x(t))\|^2$$

$((\cdot,\cdot)$，$\|\ \ \|$ はヒルベルト空間の内積，ノルム)．

よって，これを t につき積分すると，

$$f(x(t))+\int_0^t\|f'(x(s))\|^2ds=f(y). \tag{29.2}$$

仮定より，$f(x)$ は下に有界 $(f(x)\geqq-M_1,\ \forall x\in X)$ であるから，(29.2) より，

$$\int_0^t\|f'(x(s))\|^2ds\leqq f(y)+M_1\qquad(\equiv M_2). \tag{29.3}$$

よって，(29.1) より

$$\|x(t)\| \leqq \|y\| + \int_0^t \|f'(x(s))\|ds \leqq \|y\| + (M_2 t)^{1/2}.$$

これより，常微分方程式の解の延長定理(木村 [30]，定理 6.4)と同様にして，(29.1) の解が大域的に存在することがわかる(補題の証明終).

さて，(29.1) の解 $x(t)$ は，(29.2)，(29.3) を満たす．よって，$\|f'(x(t_n))\| \to 0$ となる点列 $\{t_n\}$ $(t_n \to \infty)$ が存在する．(29.2) より，$f(x(t_n))$ は有界．仮定により (P-S) 条件を満たしているのであるから，$\{x(t_n)\}$ から強収束する部分列 $\{x(t_{n'})\}$ がとりだせる．その極限を x_0 とすると f は C^2-級であるから，

$$\|f'(x_0)\| = \lim_{n' \to \infty} \|f'(x(t_{n'}))\| = 0.$$

すなわち，x_0 は臨界点; $f'(x_0)=0$ である．他方，もし $y \in I_{\gamma+\varepsilon}$ (ε は補題 29.2 の通り)と(29.1)の初期条件をとれば，(29.2) より，$f(x(t)) \leqq f(y) \leqq \gamma+\varepsilon$. よって，$\gamma \leqq f(x_0)$ は明らかより，$x(t) \in I_{\gamma+\varepsilon}$ $(\forall t \geqq 0)$．故に，$x_0 \in I_{\gamma+\varepsilon}$. また $f'(x_0)=0$. これは，$I_{\gamma+\varepsilon}$ の中には臨界点がないということに反する．これは，γ が臨界値であることを意味する． □

§30. 峠の補題

前節で，下に有界でパレー・スメイル条件を満たす X 上の C^1-級の汎関数は，つねにある点で最小値をとることを述べた．これだけでは，ある偏微分方程式の境界値問題を解くときに不十分である．一例をあげよう．D をなめらかな境界をもつ R^n の有界領域とする．楕円型方程式の境界値問題

(30.1)
$$\begin{cases} \Delta u + u^\sigma = 0 & (D \text{ の中}) \\ u = 0 & (D \text{ の境界上}) \end{cases}$$

の非負解が存在するかどうか，を考えてみよう．ただし

(30.2)
$$1 < \sigma < \frac{n+2}{n-2} (\equiv n^*).$$

非負解を問題とするのであるから，(30.1) の代わりに，

(30.3)
$$\begin{cases} \Delta u + |u|^\sigma = 0 & (D \text{ の中}) \\ u = 0 & (D \text{ の境界上}) \end{cases}$$

を考えてもよい．この (30.3) に対応して，$X=H_0^1(D)$ ととり，X 上の汎関数 f を，

$$f(u)=\int_D\left\{\frac{1}{2}|\nabla u|^2-\frac{1}{\sigma+1}|u|^\sigma u\right\}dx$$

と定めると，パレー・スメイル条件を満たすことが容易に確かめられる．下に有界ではない．さらに，$f'(u_0)=0$ となる極値の存在がわかったとしよう．このとき，この u_0 が (30.3) の解となり，$-\Delta u_0\geqq 0$ より，最小値の原理より，u_0 は非負となることが示され，求める (30.2)の非負解である．しかし，$u_0\equiv 0$ となる自明解では意味がない．自明でない非負解があるであろうか．このような問題は，応用上きわめて大切なことである．この点で，次の定理(**峠の補題**といわれる)は大変有用である．

定理 30.1.　f をバナッハ空間 X 上で定義されパレー・スメイル条件を満たす C^1-級の実数値汎関数とする．

仮定　0 の開近傍 U と $\bar{U}$ に含まれない点 x^* を適当にとれば，

(30.4)　　$f(0), f(x^*)<\inf_{x\in\partial U}f(x)\ (\equiv c_0)$　　(∂U は U の境界)

このとき，

(30.5)　　$c=\inf_{P}\max_{x\in P}f(x)$　　$(\geqq c_0)$

なる c は，f の臨界値，すなわち，$f'(x_0)=0$，$f(x_0)=c$ となる x_0 が，存在する．ここで，P は x^* と 0 とを結ぶ任意の連続な曲線を表す．

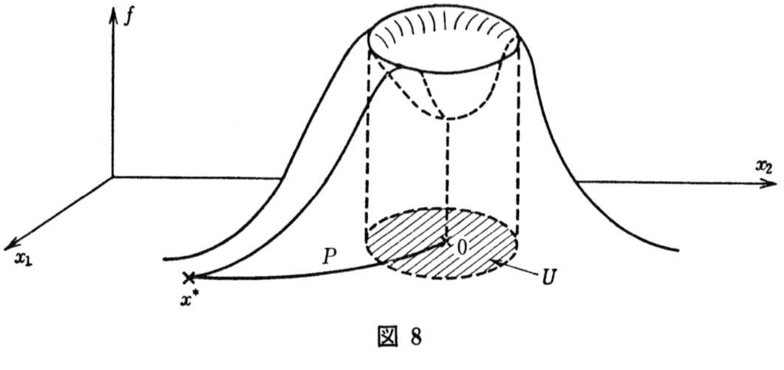

図 8

定理の証明　X がヒルベルト空間，f が C^2-級の場合に証明しよう．矛盾によって示す．c が臨界値でないと仮定する．補題 29.2 より，ε を適当に小さ

くとれば，$c-\varepsilon<f(x)<c+\varepsilon$ となる任意の x に対して，$\|f'(x)\|\geqq\alpha>0$ となる正数 α が存在する．ε を(必要ならさらに小さくとって) $0<\varepsilon<c_0-c_1$ としよう．$c_1=\max\{f(0),\ f(x^*)\}$．$X$ 上の実数値関数 η を，

$$\eta(x)=\begin{cases}1 & \left(|f(x)-c|\leqq\dfrac{1}{2}\varepsilon \text{ のとき}\right.\\ 2\left(1-\dfrac{1}{\varepsilon}|f(x)-c|\right) & \left(\dfrac{\varepsilon}{2}\leqq|f(x)-c|\leqq\varepsilon \text{ のとき}\right)\\ 0 & (|f(x)-c|\geqq\varepsilon \text{ のとき})\end{cases}$$

と定めると，η は局所リプシッツ連続である．この η を用いて，X の中の微分方程式の初期値問題：

$$\frac{dx}{dt}=-\eta(x)\frac{f'(x)}{\|f'(x)\|^2},\qquad x(0)=y \tag{30.6}$$

を考えると，任意の $y\in I_{c+\varepsilon}$ に対して解が存在して，一意的である(証明は補題 29.3 の証明と同様)．この解を $x(t)=x(t,y)$ で表す．このとき，

$$\frac{d}{dt}f(x(t))=-\eta(x(t))\leqq 0. \tag{30.7}$$

故に，$f(x(t))$ は単調減少．次に

$$f(y)\leqq c+\frac{\varepsilon}{2}\quad \text{ならば}\quad f(x(\varepsilon,y))\leqq c-\frac{\varepsilon}{2} \tag{30.8}$$

を示そう．もし $f(y)\leqq c-\varepsilon/2$ ならば，単調減少より $f(x(t))\leqq c-\varepsilon/2$ となる．他方，$c-\varepsilon/2<f(y)\leqq c+\varepsilon/2$ としよう．$f(x(t))=c-\varepsilon/2$ となる最初の t を t^* とすれば，$0<t<t^*$ に対して，$c-\varepsilon/2<f(x(t))<c+\varepsilon/2$ となるから，$\eta(x(t))=1$. よって (30.7) を積分すれば，

$$f(x(t^*))=f(y)-t^*.$$

これより，$t^*\leqq\varepsilon$ であることがわかる．故に単調減少より

$$f(x(\varepsilon,y))\leqq c-\frac{\varepsilon}{2}.$$

以上より，(30.8) の成立をみる．

定義より

$$f(z(s))\leqq c+\frac{\varepsilon}{2}\qquad (0\leqq s\leqq 1) \tag{30.9}$$

となる 0 と x^* を結ぶ連続曲線 $P:z(s)\ (0\leqq s\leqq 1)$ が存在する．これに対して，

$$z^*(s)=x(\varepsilon,z(s))$$

とおくと，(30.8)，(30.9) より，

(30.10) $$f(z^*(s)) \leqq c - \frac{\varepsilon}{2}.$$

他方，$z(0)=0$ で $f(0) \leqq c_1 < c_0 - \varepsilon \leqq c - \varepsilon$ であるから，$\eta(z(0))=0$．故に，$y=z(0)$ を初期値にもつ (30.6) の解は定数．すなわち，$x(t, z(0))=z(0)=0$．同様に，$x(t, z(1))=z(1)=x^*$．かくして，連続曲線：$z^*(s)=x(\varepsilon, z(s))$，$(0 \leqq s \leqq 1)$ は (30.5) の値 c を定める曲線の族 P のひとつの候補である．(30.10) より，$\max_{0 \leqq s \leqq 1} f(z^*(s)) \leqq c - \varepsilon/2$ となって矛盾をする． □

§31. 等周問題とその一般化

与えられた線分 AB と曲線 C で囲まれた領域の面積を C の長さが一定 $(=L)$ という条件の下で最大にするという問題を考える．A を座標の原点にとり，A から B に向かう直線を x 軸にとる．曲線は上半平面にあるとし，それが x の関数 y のグラフであるとしよう．点 B の x 座標を a $(a \leqq L < a\pi/2)$ とすれば，曲線の長さが L であるという条件は，

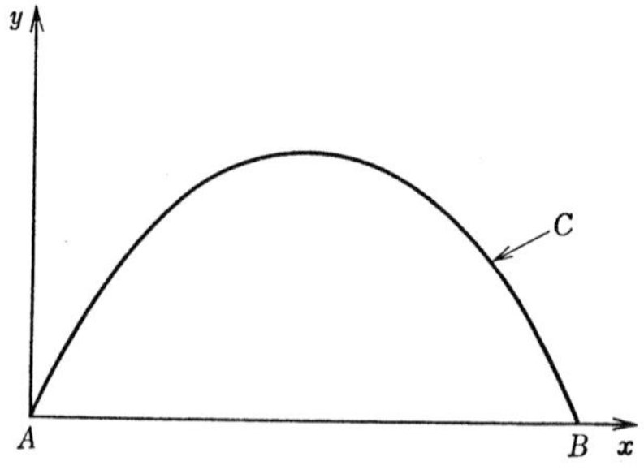

図 9

(31.1) $$L = \int_0^a \sqrt{1+y'^2}\, dx$$

で与えられる．点 B の y 座標は 0 であるから，y に対する境界条件は，

(31.2) $$y(0)=0, \qquad y(a)=0.$$

面積 S は，

(31.3) $$S = \int_0^a y\, dx$$

で与えられる．問題は，条件 (31.1)，(31.2) を満足する関数のうち，(31.3) で定義される値 S を最大にすることである．この問題を一般的な枠組で論じ

よう.

定理 31.1. $f_i(x)$ $(i=0, 1, \cdots, N)$ をバナッハ空間 X 上の C^1-汎関数とする. $\alpha_i (i=1, 2, \cdots, N)$ を実数とする. x_0 が, 制約条件

$$C=\{x \mid f_i(x)=\alpha_i \ (i=1, 2, \cdots, p); f_i(x) \leqq \alpha_i \ (i=p+1, \cdots, N)\}$$

の下での汎関数 $f_0(x)$ の極大(極小)値をとる元ならば,

$$\sum_{i=0}^{N} \lambda_i f_i'(x_0)=0$$

を満たす実数 λ_i $(i=0, 1, \cdots, N)$ が存在する. ただし,

$$(\lambda_0, \lambda_1, \cdots, \lambda_N) \neq (0, 0, \cdots, 0).$$

証明 $f_0'(x_0), f_1'(x_0), \cdots, f_N'(x_0)$ が線型独立と仮定して矛盾を導く. C 上での $f_0(x)$ の極値を c_0 とする. このとき,

$$(31.4) \quad f_0(x(t))=c_0+t, \qquad x(t) \in C \qquad (|t|<\varepsilon); \qquad x(0)=x_0$$

となる連続曲線 $\{x(t);\ |t|<\varepsilon\}$ を, 十分小さい ε に対して見つけることができることを示そう. もしこれが示されたならば, c_0 が f_0 の C 上での極値であるということに反して, 矛盾となる. さて, 仮定より, $f_0'(x_0), \cdots, f_N'(x_0)$ は線型独立であるから, 適当に $y_0, y_1, \cdots, y_N \in X$ をとれば, $N+1$ 個の $(N+1)$-ベクトル

$$(31.5) \quad (f_0'(x_0)[y_j],\ f_1'(x_0)[y_j], \cdots,\ f_N'(x_0)[y_j]), \qquad j=0, 1, \cdots, N$$

を一次独立にできる. これに対して, (31.4) を満たす連続曲線として

$$(31.6) \qquad x(t)=x_0+\sum_{j=0}^{N} a_j(t) y_j$$

という形の曲線を求めたい. $a_j(t)$ は求めるべき実数値関数である. すなわち, この $a_j(t)$ は, 次の常微分方程式系の初期値問題の解である.

$$(31.7) \qquad \frac{d}{dt} f_j(x_0+\sum_{i=0}^{N} a_i(t) y_i)=\delta_{0j}, \qquad a_j(0)=0$$

$$(j=0, 1, \cdots, N) \quad (\delta_{a0} \text{ はクロネッカーのデルタ}).$$

簡単な計算より,

$$(31.8) \quad \frac{d}{dt} f_j(x_0+\sum_{i=0}^{N} a_i(t) y_i)=\sum_{k=0}^{N} f_j'(x_0+\sum_{i=0}^{N} a_i(t) y_i)[y_k] \ \frac{da_k}{dt}.$$

よって, $(N+1) \times (N+1)$ 行列値関数 $A(\xi)$ と $a=a(t)$ を

$$A(\xi)=\left[f_j{}'(x_0+\sum_{i=0}^{N}\xi_i y_i)[y_k]\right]_{j,k=0}^{N}, \qquad a=\begin{bmatrix}a_0\\ \vdots\\ a_N\end{bmatrix}$$

と定めると，(31.8) より (31.7) は

$$A(a(t))\frac{d}{dt}a(t)=\begin{bmatrix}1\\0\\ \vdots\\0\end{bmatrix}(\equiv e_1); \qquad a(0)=0$$

と表される．$A(0)$ は (31.5) より可逆な行列．また $A(\xi)$ は ξ に連続的に依存している．よって十分小さい δ に対して，$A(\xi)$ は $|\xi|\leqq\delta$ に対し可逆となり，$A(\xi)^{-1}$ は ξ に連続的に依存している．よって，初期値問題：

$$\frac{d}{dt}a(t)=A(a(t))^{-1}e_1, \qquad a(0)=0$$

は，ペアノの定理(定理 14.1)によって，ある区間 $[-\varepsilon,\varepsilon]$ で解 $a=a(t)$ をもつ．この $a(t)$ に対して，上の議論を逆にたどれば，(31.7) が成立している．$x(t)$ を (31.6) によって定めると，(31.7) より，

$$f_0(x(t))=f_0(x_0)+t;$$
$$f_j(x(t))=f_j(x_0) \qquad (j\neq 0).$$

これは，(31.4) が成り立っていることを示している． □

例 31.2. この節のはじめに述べた問題に定理 31.1 を適用してみよう．$X=H_0^1(0,a)$ とする．

$$f_0(y)=\int_0^a y\,dx; \qquad f_1(y)=\int_0^a \sqrt{1+y'^2}\,dx,$$
$$\alpha_1=L$$

とおくと，$y=y_0$ が極値ならば，(31.1)，(31.2)を満たし，

(31.9) $$\lambda_0 f_0{}'(y_0)+\lambda_1 f_1{}'(y_0)=0.$$

直接 $df_j(y_0+t\zeta)/dt|_{t=0}$ を計算してみれば，$\zeta\in C_0^\infty(0,a)$ に対して，

(31.10) $$f_0{}'(y_0)\zeta=\int_0^a \zeta\,dx;$$

(31.11) $$f_1{}'(y_0)\zeta=\int_0^a \frac{y_0{}'}{\sqrt{1+y_0{}'^2}}\zeta' dx.$$

$\lambda_0=0$ とすれば，$\lambda_1\neq 0$．故に，$f_1{}'(y_0)=0$．これより，$y_0{}'/(1+y_0{}'^2)^{1/2}=$定数．すなわち，$y_0{}'(x)=$定数．境界条件 (31.2) を満たすから，$y\equiv 0$ 以外不可能で

ある．しかし，これは，(31.1) に反する．よって，$\lambda_0 \neq 0$. $\mu=\lambda_1/\lambda_0$ とおくと (31.9), (31.10), (31.11) より

$$\int_0^a \left(\mu \frac{y_0'}{\sqrt{1+y_0'^2}}\zeta'+\zeta\right)dx=0.$$

簡単な計算より，

$$-\mu\frac{d}{dx}\left(\frac{y_0'}{\sqrt{1+y_0'^2}}\right)+1=0$$

を得る．これを積分すれば，

$$(x-c_1)^2+(y_0-c_2)^2=\mu^2.$$

c_1, c_2, μ は (31.1), (31.2) より求められる．すなわち，

(31.12) $$c_1=\sqrt{\mu^2-c_2^2}=\frac{a}{2}.$$

(0,0), $(a,0)$ と中心 (c_1, c_2) とを結ぶ二つの線分のなす角を ω とすれば，

$$\omega=\pi+2\arctan\frac{c_2}{c_1}$$

であるから，

(31.13) $$L=\mu\left(\pi+2\arctan\frac{c_2}{c_1}\right)$$

となる．(31.12) と (31.13) で c_1, c_2, μ が定まる． これより y_0 が定まる．$L \geqq a\pi/2$ のときは下図のごとくなる．

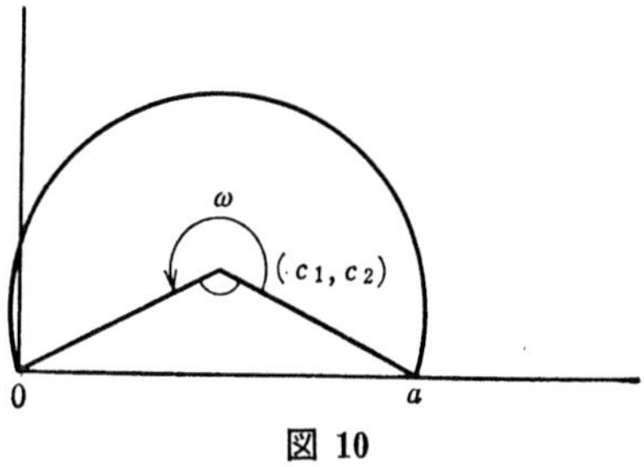

図 10

§32. 応用．常微分方程式の周期解の存在

定理 28.2 の応用として，次のハミルトン(Hamilton)系

(32.1) $$\frac{d^2x}{dt^2}=\nabla U(x,t)$$

すなわち，

$$\frac{d^2x_j}{dt^2}=\frac{\partial U(x,t)}{\partial x_j} \qquad (j=1,2,\cdots,N)$$

の T-周期解の存在問題をとりあげる．ここで，$x=x(t)$ は N-ベクトル，$U(x,t)$ は x と t に関して，C^1-級の実数値関数である．$U(x,t)$ が t に関して，T-周期である，すなわち，

$$U(x,t+T)=U(x,t) \qquad (\forall x\in \boldsymbol{R}^N,\ \forall t\geqq 0).$$

このとき，(32.1) の T-周期解の存在を示したい．C^1-級で，T-周期をもつすべての N-ベクトル関数の全体を $C^1_\pi[0,T]$ で表そう．通常のノルムでバナッハ空間である．$C^1_\pi[0,T]$ 上の汎関数 f を，

$$(32.2) \qquad f(x)=\int_0^T\left\{\frac{1}{2}\left|\frac{dx(t)}{dt}\right|^2+U(x(t),t)\right\}dt$$

と定める．

定理 32.1. $U(x,t)$ は次の仮定を満たす(x に関して) C^1-関数である．T-周期関数であって t について一様に，

$$U(x,t)\to+\infty \qquad (|x|\to\infty \text{ のとき}).$$

このとき，

$$f(x^*)=\inf_x f(x) \qquad (x\in C^1_\pi[0,T])$$

となる x^* が $C^1_\pi[0,T]$ の中に存在する．この x^* が (32.1) の T-周期解である．

証明 定理 28.2 を適用する．

(1) 空間の設定．考えるバナッハ空間を定めよう．各成分が R^1 上定義され，T-周期をもち $[0,T]$ 上絶対連続であって，その微分が $L^2[0,T]$ に属す N-ベクトル関数の全体を $H^1_\pi[0,T]$ によって表す．そこに，内積

$$(x,y)_1=\int_0^T\{\dot{x}(t)\cdot\dot{y}(t)+x(t)\cdot y(t)\}\,dt$$

を導入すれば，ヒルベルト空間になる．

定理 28.2 の X として，$X=H^1_\pi[0,T]$ とする．$\Omega=X$ とする．f として，(32.2) によって定義された汎関数をとる．

(2) 下に弱半連続であること．$x_n\to x$ (Xの 弱位相で)としよう．一般論よ

り，$\{x_n\}$ は X の中の有界列である(黒田 [2]，定理8.29)．他方，ソボレフの埋蔵定理より，$X\subset C[0,T]$ であって埋蔵作用素はコンパクト．故に，x_n も x も $C[0,T]$ の元とみなせて，$\{x_n\}$ から，$[0,T]$ 上一様収束する部分列がとりだせる．それをやはり x_n で表そう．極限を x_0 とする．他方，$H_\pi^1[0,T]$ の位相は，$L^2[0,T]$ の位相より強いから，$x_n\to x$($L^2[0,T]$ の弱位相で)(付録をみよ)．$\{x_n\}$ の部分列は x_0 に一様に収束するから，この列は $L^2[0,T]$ の位相で強収束する．よって，$x=x_0$ である．これは，$\{x_n\}$ 自身が x に $[0,T]$ 上一様収束することを示している(極限関数は部分列のとり方によらずに，x であるから)．他方，$H_\pi^1[0,T]$ は $H^1[0,T]$ の閉部分空間である．そこへの直交射影を P とする．任意の $y\in L^2[0,T]$ に対して，

$$z(t)=\int_0^t y(s)\,ds$$

は $H^1[0,T]$ の元である．故に，

$$\begin{aligned}(\dot{x}_n-\dot{x},y)_{L^2}&=(\dot{x}_n-\dot{x},\dot{z})_{L^2}\\&=(x_n-x,z)_1-(x_n-x,z)_{L^2}\\&=(x_n-x,Pz)_1-(x_n-x,z)_{L^2}.\end{aligned}$$

この最後の式はゼロに収束する．故に，$\dot{x}_n$ は $L^2[0,T]$ の弱位相で $\dot{x}$ に収束する．故に，関数解析の基礎定理(黒田 [2]，定理8.29)より，

$$\|\dot{x}\|_{L^2}\leqq\varliminf_{n\to\infty}\|\dot{x}_n\|_{L^2}.$$

また，$\{x_n\}$ は一様に x に収束するから

$$\lim_{n\to\infty}\int_0^T U(x_n(t),t)\,dt=\int_0^T U(x(t),t)\,dt.$$

以上より，

$$f(x)\leqq\varliminf_{n\to\infty}f(x_n).$$

すなわち，下に弱半連続である．

(3) $f(x)$ がコアーシブ条件を満たすこと．$x\in H_\pi^1[0,T]$ をフーリエ展開する：

$$x(t)=y(t)+c. \tag{32.3}$$

ここで，

$$y(t)=\sum_{k=1}^{\infty}\left(a_k\cos\left(\frac{2\pi}{T}kt\right)+b_k\sin\left(\frac{2\pi}{T}kt\right)\right)$$

$$c=\frac{1}{T}\int_0^T x(t)\,dt.$$

ただし，

$$a_k=\frac{2}{T}\int_0^T x(t)\cos\left(\frac{2\pi}{T}kt\right)dt\,; \qquad b_k=\frac{2}{T}\int_0^T x(t)\sin\left(\frac{2\pi}{T}kt\right)dt$$
$$(k=1,2,\cdots).$$

パーセバール(Parseval)の等式より

$$(32.4)\qquad \|y\|_{L^2}^2=\frac{T}{2}\sum_{k=1}^{\infty}(|a_k|^2+|b_k|^2); \qquad \|\dot{y}\|_{L^2}^2=\frac{T}{2}\sum_{k=1}^{\infty}k^2(|a_k|^2+|b_k|^2);$$

$$(32.5)\qquad \|x\|_1^2=\|y\|_{L^2}^2+\|\dot{y}\|_{L^2}^2+|c|^2$$

を得る．(32.4) より，

$$(32.6)\qquad \|y\|_{L^2}^2\leqq\|\dot{y}\|_{L^2}^2.$$

ソボレフの埋蔵定理より

$$(32.7)\qquad \|y\|_{L^\infty}\leqq M\|y\|_1\leqq 2M\|\dot{y}\|_{L^2}^2.$$

また，(32.5) と (32.6) より，

$$(32.8)\qquad \|x\|_1^2\leqq 2\|\dot{y}\|_{L^2}^2+|c|^2$$

を得る．

さて，$x_n\in H_\pi^1[0,T]$ を $\|x_n\|_1\to\infty$ $(n\to\infty)$ なる列とする．$f(x_n)\to\infty$ を示したい．

U は，$|x|\to\infty$ のとき，$U(x,t)\to\infty$ (t について一様) となる連続関数であるから，下に有界．すなわち，

$$(32.9)\qquad U(x,t)>-M \qquad (x\in \boldsymbol{R}^N,\ t\geqq 0).$$

x_n に対応して，(32.3) にしたがって，y_n, c_n を定めることができる．もし $\|\dot{y}_{n'}\|_{L^2}\to\infty$ なる部分列 $\{y_{n'}\}$ が存在するならば，(32.9) より，

$$f(x_n)\geqq\frac{1}{2}\|\dot{y}_n\|_{L^2}^2-MT$$

であるから，$n'\to\infty$ のとき，$f(x_n)\to\infty$．もし $\{\|\dot{y}_{n'}\|_{L^2}\}$ が有界ならば，(32.8) より(x を x_n, y を y_n, c を c_n でおきかえて)，$\|x_n\|_1\to\infty$ であるから，$|c_n|\to\infty$．(32.7) より，$\|y_n\|_{L^\infty}$ は有界．故に，

$$|c_n|\leqq|x_n(t)|+|y_n(t)|$$

$$\leqq |x_n(t)| + \|y_n\|_{L^2} \qquad (0 \leqq t \leqq T).$$

故に，

$$|c_n| \leqq \inf_{0 \leq t \leq T} |x_n(t)| + \|y_n\|_{L^2}.$$

よって，

$$\inf_{0 \leq t \leq T} |x_n(t)| \to \infty \qquad (n \to \infty).$$

故に，

$$U(x_n(t), t) \to \infty \qquad (t \text{ について一様}).$$

他方，

$$f(x_n) \geqq \int_0^T U(x_n(t), t)\, dt$$

であるから，$f(x_n) \to \infty$ を得る．

（4） 定理 28.2 を適用すれば

$$f(x_0) = \inf_x f(x) \qquad (x \in H_\pi^1[0, T])$$

となる x_0 が $H_\pi^1[0, T]$ の中に存在する．定理 28.1 を適用すれば，

$$\int_0^T \left\{ \frac{dx(t)}{dt} \cdot \frac{d\zeta(t)}{dt} + \sum_{j=1}^N \frac{\partial U(x(t), t)}{\partial x_j} \cdot \zeta_j(t) \right\} dt = 0$$

がすべての $\zeta = (\zeta_1, \cdots, \zeta_N) \in H_\pi^1[0, T]$ に対して成立する．$\varphi \in C_0^1(0, T)$ に対して，$\zeta_1 = \varphi$，$\zeta_2 = \cdots = \zeta_N = 0$ とおく．さらに

$$h(t) = \frac{dx_1(t)}{dt} - \int_0^t \frac{\partial U(x(s), s)}{\partial x_1} ds$$

とおくと，部分積分によって，

$$\int_0^T h(t) \varphi'(t)\, dt = 0$$

が成立せねばならない．これが，すべての $\varphi \in C_0^1(0, T)$ に対して成立するのは

$$h(t) = \text{定数}(\equiv M) \qquad (a.e.\, t)$$

のときにかぎる（各自確かめよ）．

よって，

$$\frac{dx_1(t)}{dt} = M + \int_0^t \frac{\partial U(x(s), s)}{\partial x_1} ds \qquad (a.e.\, t). \tag{32.10}$$

$x(t)$ は $[0, T]$ 上連続，$U(x, t)$ は x, t について連続的微分可能であるから，

(32.10)の右辺は連続的微分可能．故に，$x_1(t)$は周期 T をもち C^2-級であって，

$$\frac{d^2x_1(t)}{dt^2}=\frac{\partial}{\partial x_1}U(x(t),t).$$

$x_2,\cdots,x_N$ に対しても同様であるから，結局この $x(t)$ が (32.1) の解となる．□

§33.　応用．非線型楕円型方程式の境界値問題

前節に与えた方法によって，次の境界値問題の正値解の存在を示そう：

$$(33.1)\qquad \begin{cases} \varDelta u+u^{\sigma}=0 & (D \text{ の中}) \\ u=0 & (D \text{ の境界上}) \end{cases}$$

ここで，D は $R^n(n\geqq 3)$ の中のなめらかな境界をもつ有界領域である．

定理 33.1.　$1<\sigma<(n+2)/(n-2)$ ならば，上の問題は正の解をもつ．

注意　σ に対する仮定は，いかにも強すぎると思われるかもしれないが，ポッホジャイエフ(Pokhozhaev)は次のことを示した．

定理　D を星型領域とする．$\sigma\geqq(n+2)/(n-2)$ ならば，(33.1) の自明でない非負解は存在しない．

ここで，D が星型領域とは，D の内部に，ある点があって，その点と D の任意の点を結ぶ線分は D に入る領域をいう．上の定理の証明は付録をみよ．

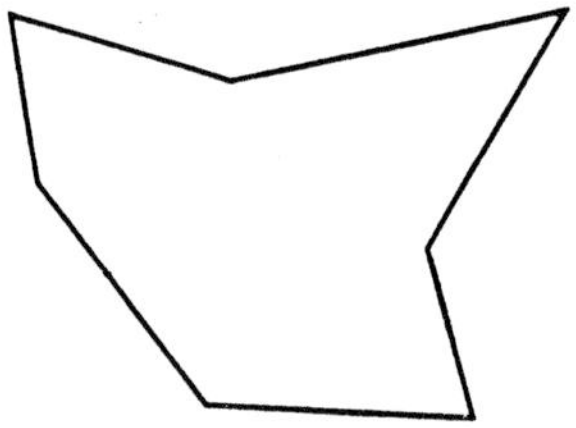

図 11

定理 33.1 の証明　正の解を求めているのであるから，(33.1) の代わりに，

$$(33.2)\qquad \begin{cases} \varDelta u+|u|^{\sigma}=0 & (D \text{ の中}) \\ u=0 & (D \text{ の境界上}) \end{cases}$$

を考えてもよい．この解は，$H_0^1(D)$ (ノルムは $\|\nabla u\|_{L^2}$)上の汎関数

$$f(u)=\int_D\left[\frac{1}{2}|\nabla u|^2-\frac{1}{\sigma+1}|u|^{\sigma}u\right]dx$$

の停留点として求められる．上の汎関数の値は各 $u\in H_0^1(D)$ に対して有限である．実際，ソボレフの埋蔵定理より，

$$\int_D |u|^{\sigma+1}dx \leqq M\|u\|_{H^1}^{\sigma+1} \qquad (u\in H_0^1(D)) \tag{33.3}$$

となるからである．

パレー・スメイル条件を確かめる．

$$|f(u_j)|\leqq M, \qquad f'(u_j)\underset{j\to\infty}{\longrightarrow}0 \qquad (\text{ノルム収束}) \tag{33.4}$$

となる $H_0^1(D)$ の中の列 $\{u_j\}$ をとる．この最後の条件より，

$$\sup_{\substack{\zeta\in H_0^1\\ \zeta\neq 0}}\left\{\int_D[\nabla u_j\cdot\nabla\zeta-|u_j|^\sigma\zeta]dx/\|\zeta\|_{H_1}\right\}\underset{j\to\infty}{\longrightarrow}0 \tag{33.5}$$

となる．特に，$\zeta=u_j$ ととり，$\|u_j\|_{H^1}=c_j$ とおくと，

$$\frac{1}{c_j}\int_D[|\nabla u_j|^2-|u_j|^\sigma u_j]dx\to 0. \tag{33.6}$$

(33.4) の最初の不等式より，積分

$$\int_D\left[\frac{1}{2}|\nabla u_j|^2-\frac{1}{\sigma+1}|u_j|^\sigma u_j\right]dx \tag{33.7}$$

は有界．c_j の定義と (33.6) を利用すると，(33.7) より

$$M_j=\frac{1}{2}c_j^2-\frac{1}{\sigma+1}(c_j^2-c_j\varepsilon_j)$$

$$=\frac{\sigma-1}{2(\sigma+1)}c_j^2+\frac{\varepsilon_j}{\sigma+1}c_j$$

は有界である．ここで $\sigma>1$, $\varepsilon_j\to 0$ であるから，$M_j\geqq\sigma_1c_j^2-\sigma_2$, ($\sigma_1$, σ_2：正定数) となり，$\{c_j\}$ の有界性がわかる．故に，$\{u_j\}$ はヒルベルト空間 $H_0^1(D)$ の有界列となる．よって $H_0^1(D)$ の弱位相で収束する部分列がとりだせる．それをやはり $\{u_j\}$ とかく．ソボレフの埋蔵定理より，$\sigma+1\leqq p<n^*+1\,(n^*=(n+2)/(n-2))$ なる p に対し，$H_0^1(D)$ は $L^p(D)$ の中コンパクトに埋めこまれているから，$\{u_j\}$ は $L^p(D)$ の強位相で収束する．(33.5) より，任意の $\varepsilon>0$ に対して，十分大きく j をとると，

$$\left|\int_D[\nabla u_j\nabla\zeta-|u_j|^\sigma\zeta]dx\right|\leqq\varepsilon\|\zeta\|_{H^1}\leqq\frac{1}{4}\|\zeta\|_{H^1}^2+\varepsilon^2 \tag{33.8}$$

となる．他方，シュワルツの不等式より，

$$\int_D|u_j|^\sigma|\zeta|dx\leqq\|u_j\|_{L^{\sigma+1}}^\sigma\|\zeta\|_{L^{\sigma+1}} \tag{33.9}$$

となるから，(33.8) と (33.9) において，$\zeta=u_j-u_k$ とおくことによって，

$$\int_D|\nabla u_j-\nabla u_k|^2dx=\int_D[\nabla u_j\cdot\nabla(u_j-u_k)-|u_j|^\sigma(u_j-u_k)]dx$$

$$-\int_D[\nabla u_k\cdot\nabla(u_j-u_k)-|u_k|^\sigma(u_j-u_k)]dx$$

$$+\int_D(|u_j|^\sigma-|u_k|^\sigma)(u_j-u_k)dx$$

$$\leqq\frac{1}{2}\|u_j-u_k\|_{H^1}^2+2\varepsilon^2+(\|u_j\|_{L^{\sigma+1}}^\sigma+\|u_k\|_{L^{\sigma+1}}^\sigma)\|u_j-u_k\|_{L^{\sigma+1}}.$$

故に，

$$\|u_j-u_k\|_{H^1}^2\leqq4\varepsilon^2+2(\|u_j\|_{L^{\sigma+1}}^\sigma+\|u_k\|_{L^{\sigma+1}}^\sigma)\|u_j-u_k\|_{L^{\sigma+1}}.$$

故に，

$$\varlimsup_{j,k\to\infty}\|u_j-u_k\|_{H^1}^2\leqq4\varepsilon^2.$$

ε は任意より，$\{u_j\}$ は $H_0^1(D)$ の中のコーシー列であることがわかる．パレー・スメイル条件を満たしている．

自明でない解を見つけるために，峠の補題を利用しよう．$f(0)=0$ に注意して次の二点を確かめなければならない．

(i) 適当に正数 r, c_0 をとると，

$$\|u\|_{H^1}=r \quad ならば \quad f(u)\geqq c_0.$$

(ii) $\|u_0\|_{H^1}>r$，$f(u_0)\leqq0$ となる $u_0\in H_0^1(D)$ が存在する．

(i)の証明．$\|u\|_{H^1}=r$ に対して，ソボレフの補題より，

$$f(u)=\frac{1}{2}r^2-\frac{1}{\sigma+1}\int_D|u|^\sigma u dx$$

$$\geqq\frac{1}{2}r^2-Mr^{\sigma+1} \qquad ((33.3)\ による).$$

故に，r を十分小さくとれば，$c_0=r^2/4$ として(i)が成立する($\sigma>1$に注意)．

(ii)の証明．v として，D の内部で正，D の境界上で0となる十分なめらかな関数を勝手にとってくる．パラメータ λ を十分大きくとると，$u_0=\lambda v$ は

$$\|u_0\|_{H^1}=\lambda\|v\|_{H^1}>r,$$

$$f(u_0)=\frac{1}{2}\lambda^2\|v\|^2_{H^1}-\frac{\lambda^{\sigma+1}}{\sigma+1}\int_D|v|^\sigma v\,dx\leqq 0$$

を満たす．(ii) の成立を示している．故に，峠の補題が適用できて，

$$f(u)\geqq c_0>0$$

となる f の臨界点 $u\in H^1_0(D)$ が存在する．故に，$u\neq 0$．この u は，(33.2) の一般化された解である．u は臨界点であるから

$$\frac{d}{dt}f(u+t\zeta)\,|_{t=0}=0.$$

故に，

$$\int_D\{\nabla u\nabla\zeta-|u|^\sigma\zeta\}\,dx=0,\qquad \zeta\in C^1_0(D).$$

通常の偏微分方程式の解のなめらかさの議論(溝畑 [6]，p. 201) によって，$u\in C^\theta(D)$ $(0<\theta<1)$ が示され，したがって，$u\in C^{2+\theta}(D)$ となる．故に，

$$\Delta u+|u|^\sigma=0$$

を満たす．最大値の原理より，$u\geqq 0$ を得る．故に，この u は (33.1) の解になっている．

§ 34*.　応用．弦の非線型振動(周期解の存在)

両端の固定された非線型な弦の振動を考える．

(34.1)
$$\begin{cases}\dfrac{\partial^2 u}{\partial t^2}-\dfrac{\partial^2 u}{\partial x^2}+g(u)=0, & 0<x<\pi,\qquad t>0;\\ u(0,t)=u(\pi,t)=0, & t>0.\end{cases}$$

この節では簡単のため

(34.2)
$$g(u)=u^3$$

としよう．定理 31.1 の応用として，(34.1) は自明でない周期解をもつことを示そう(上の (34.2) に述べた条件は，u について非斉次でない場合に拡張される．しかし，この場合は，定理 31.1 でなく峠の補題を用いなければならない)．次を示す．

定理 34.1.　T を 2π の有理数倍の正数とする．このとき，(34.1) は T を周期にもつ自明でない弱い解をもつ．

注意 1.　u が T を周期にもつ (34.1) の弱い解であるとは，$u\in L^4((0,\pi)\times(0,T))$ であって，

(34.3)
$$\int_0^\pi\int_0^T\left\{u\left(\frac{\partial^2\zeta}{\partial t^2}-\frac{\partial^2\zeta}{\partial x^2}\right)+u^3\zeta\right\}dxdt=0$$

がすべての C^2-級の T-周期関数 ζ に対して成立する．

注意 2. 定理 34.1 で存在が保証された周期 T をもつ弱い解は，実は x,t に関して C^∞ であることが示される．このとき，(34.3) より，

$$u(x,t)=u(x,t+T) \qquad (0\leqq\forall x\leqq\pi,\ \forall t\geqq 0) \tag{34.4}$$

となる．

証明 簡単のため $T=2\pi$ としよう．以下，周期関数は t に関する周期 2π の周期関数を意味する(一般の場合も以下の証明は同様)．$Q=(0,\pi)\times(0,2\pi)$ とおく．L^p は Q 上の L^p-空間．

(1) 一次元波動方程式

$$\begin{cases}\dfrac{\partial^2 u}{\partial t^2}-\dfrac{\partial^2 u}{\partial x^2}=0, & (x,t)\in Q\\ u(0,t)=u(\pi,t)=0, & t>0\end{cases} \tag{34.5}$$

の(周期 2π をもつ)周期解の全体を N とする．N の任意の元 u は，

$$u(x,t)=q(t+x)-q(t-x)$$

と表される．ここで q は周期 2π をもつ周期関数である(各自，これを証明せよ)．次に，非斉次一次元波動方程式：

$$\begin{cases}\dfrac{\partial^2 u}{\partial t^2}-\dfrac{\partial^2 u}{\partial x^2}=g(x,t), & (x,t)\in Q\\ u(0,t)=u(\pi,t)=0, & t>0\end{cases} \tag{34.6}$$

を考える．(34.6) に周期解が存在すれば，任意の N の元 φ を，(34.6) の両辺にかけ Q 上で積分すれば，

$$\int_Q g\cdot\varphi\,dxdt=0, \qquad \forall\varphi\in N. \tag{34.7}$$

逆も成立する．すなわち

補題 34.2. g は (34.7) を満たす C^1-級の周期関数とする．このとき，(34.6) の周期解は存在する．しかも，

$$\int_Q u\varphi\,dxdt=0, \qquad \forall\varphi\in N \tag{34.8}$$

を満たす (34.6) の周期解はただひとつ存在する．

証明 補題の後半は容易である．もし，ふたつ存在したとすれば，その差を w とすれば，$w\in N$．(34.8) より，w は自分自身と直交する．よって，$w=0$．矛盾である．

前半は，解 u を直接構成する．実際，

$$u(x,t)=\psi(x,t)+p(x+t)-p(x-t). \tag{34.9}$$

ただし，
$$\psi(x,t)=-\frac{1}{2}\int_x^\pi d\xi\int_{t+x-\xi}^{t-x+\xi} g(\xi,\tau)\,d\tau+c\frac{\pi-x}{2\pi};$$

$$c=\frac{1}{2}\int_0^\pi d\xi\int_{-\xi}^{\xi} g(\xi,\tau)\,d\tau;$$

$$p(y)=\frac{1}{2\pi}\int_0^\pi [\psi(s,y-s)-\psi(s,y+s)]\,ds.$$

しかも，上のごとき u は，(34.8) を満たす(直接計算して確かめよ；章末の問題5）(補題の証明終).

さて，(34.9) の右辺は，$g\in L^1(Q)$ に対しても意味をもつ．すなわち，$g\in L^1(Q)$ に対して

$$Ag=(34.9)\ \text{の右辺}$$

と定めると，容易に，

$$\|Ag\|_{L^\infty}\leqq M\|g\|_{L^1}; \tag{34.10}$$

A は $L^1(Q)$ から $L^\infty(Q)$ への有界線型作用素である．特に，これより，

$$\|Ag\|_{L^4}\leqq M\|g\|_{L^{4/3}},\qquad g\in L^{4/3}(Q) \tag{34.11}$$

が導かれる．補題より，(34.7) を満たす任意の周期関数 $g(\in C^1(\bar{Q}))$ に対しては，

$$u(x,t)=(Ag)(x,t) \tag{34.12}$$

は (34.6) の周期解となる．さて，(34.7) を満たす任意の $[0,\pi]\times R^1$ 上の C^1-級周期関数の $L^{4/3}(Q)$ のノルムによる閉包を X とすると，X は $L^{4/3}(Q)$ から誘導された位相で，バナッハ空間となる．A を X に制限した作用素をやはり A で表すと，A は X から $L^4(Q)\subset X^*$ への有界作用素である．

補題 34.3. A は X から $L^4(Q)$ へのコンパクト作用素である．

証明 $\{g_n\}$ を g に(X の弱位相で)収束する X の中の点列とする．このとき，一般論より，$\{\|g_n\|_{L^{4/3}}\}$ は有界である．したがって，(34.10) より，

$$\|Ag_n-Ag\|_{L^\infty}\leqq M\|g_n-g\|_{L^1}\leqq M\|g_n-g\|_{L^{4/3}}\leqq M.$$

他方，(34.9) より，各 $(x,t)\in Q$ に対して，

$$Ag_n(x,t)\to Ag(x,t),\qquad n\to\infty$$

となることは容易にわかる．故に，ルベーグの収束定理から，

$$\|Ag_n - Ag\|_{L^4} \to 0, \qquad n \to \infty.$$

すなわち，Ag_n は Ag に L^4 の強位相で収束する．よって，A はコンパクト作用素である(補題の証明終)．

（2） X 上の汎関数

$$f_0(v) = \int_Q v(x,t)(Av)(x,t)\,dxdt \tag{34.13}$$

を制約条件

$$f_1(v) \leqq 1 \tag{34.14}$$

の下で最小にしたい．ただし，

$$f_1(v) = \int_Q |v|^{4/3} dxdt. \tag{34.15}$$

上に定めた f_0 が X 上の汎関数となることをみよう．(34.10) より

$$|f_0(v)| \leqq \|v\|_{L^1} \|Av\|_{L^\infty} \leqq M\|v\|_{L^1}^2 \leqq M\|v\|_{L^{4/3}}^2.$$

特に，(34.14) の下で，$|f_0(v)|$ は有界となる．故に

$$\inf_v f_0(v)\,(\equiv \gamma) > -\infty$$

(v は (34.14) を満たす X の元である)

よって，

$$f_0(v_n) \to \gamma, \qquad f_1(v_n) \leqq 1$$

となる X の点列 $\{v_n\}$ が存在する．$\|v_n\|_{L^{4/3}} \leqq 1$ であるから，$L^{4/3}(Q)$ の弱位相で収束する部分列が，$\{v_n\}$ からとりだせる(それをやはり，$\{v_n\}$ としよう)．極限を v_0 とすると，X は $L^{4/3}(Q)$ の中の凸閉集合より，$v_0 \in X$．また，

$$\|v_0\|_{L^{4/3}} \leqq \underline{\lim} \|v_n\|_{L^{4/3}} \leqq 1$$

であるから，v_0 は制限条件 (34.14) を満たす．A は X から $L^4(Q)$ へのコンパクト作用素であるから，$Av_n \to Av_0$ ($L^4(Q)$ の強位相で)．よって，

$$\lim_{n\to\infty} f_0(v_n) = f_0(v_0).$$

よって，$f_0(v_0) = \gamma$．この v_0 は，変分問題 (34.13)，(34.14) の解を与えている．$v_0 \neq 0$ を示そう．

$$v^*(x,t) = 3\lambda \sin 2t \sin x$$

とおく. ただし λ は,

$$\|v^*\|_{L^{4/3}}=1$$

となるように調節するための正のパラメータである. v^* は周期 2π の C^1-関数である. また,

$$u^*(x,t)=-\lambda\sin 2t\sin x$$

とおくと, g を v^* とした (34.6) の解である. よって, v^* は (34.7) を満たす. よって u^* も (34.8) を満たす (u^* と v^* はスカラー倍の違いしかない!). 故に

$$Av^*=u^*.$$

他方,

$$f_0(v^*)=\int_Q v^*Av^*dxdt=\int_Q v^*u^*dxdt$$

$$=-3\lambda^2\int_Q(\sin 2t)^2(\sin x)^2dxdt<0.$$

これは, $\gamma<0$ であることを示している. よって, $v_0\neq 0$.

(3) いまや定理 31.1 が適用できる. それによると,

(34.16) $$\lambda_0 f_0'(v_0)+\lambda_1 f_1'(v_0)=0$$

となる $(\lambda_0,\lambda_1)\neq(0,0)$ が存在する. f_0', f_1' を計算しよう.

$$f_0'(v)[\zeta]=\frac{d}{dt}f_0(v+t\zeta)\,|_{t=0}=2\int_Q Av\cdot\zeta\,dxdt.$$

$$f_1'(v)[\zeta]=\frac{d}{dt}f_1(v+t\zeta)\,|_{t=0}=\frac{4}{3}\int_Q|v|^{-2/3}v\zeta\,dxdt.$$

(例 5.3 をみよ).

よって, (34.16) は

$$\int_Q\left(2\lambda_0Av_0+\frac{4}{3}\lambda_1|v_0|^{-2/3}v_0\right)\zeta\,dxdt=0,\qquad\forall\zeta\in X.$$

上式で $\zeta=v_0$ ととれば,

$$\lambda_0\gamma+\frac{2}{3}\lambda_1\int_Q|v_0|^{4/3}dxdt=0.$$

$\gamma<0$ かつ $v_0\neq 0$ であるから, $\mu=2\lambda_1/3\lambda_0$ とおくと, $\mu>0$.

(34.17) $$\int_Q(Av_0+\mu|v_0|^{-2/3}v_0)\zeta'\,dxdt=0,\qquad\forall\zeta'\in X.$$

他方，v を (34.7) を満たす C^1–級周期関数とする．このとき，部分積分によって，

$$(34.18)\quad \int_Q Av\cdot\left(\frac{\partial^2\zeta}{\partial t^2}-\frac{\partial^2\zeta}{\partial x^2}\right)dx\,dt=\int_Q v\cdot\zeta\,dx\,dt,\qquad \forall\zeta\in C_\pi^2.$$

(C_π^2 : C^2– 級の周期関数の全体)．

さらに，極限操作をとることによって，$v\in X$ に対しても (34.18) が成り立つことがわかる((34.11) に注意)．よって，(34.17)，(34.18) より，$\zeta'=\dfrac{\partial^2\zeta}{\partial t^2}-\dfrac{\partial^2\zeta}{\partial x^2}\ (\in X)$ に注意して，

$$\int_Q v_0\zeta dxdt+\mu\int_Q|v_0|^{-2/3}v_0\left(\frac{\partial^2\zeta}{\partial t^2}-\frac{\partial^2\zeta}{\partial x^2}\right)dxdt=0.\qquad \forall\zeta\in C_\pi^2$$

特に，

$$u_0=\mu^{-1/2}|v_0|^{-2/3}v_0$$

とおくと，$u_0\in L^4(Q)$ であって，

$$\int_Q u_0{}^3\zeta\,dxdt+\int_Q u_0\left(\frac{\partial^2\zeta}{\partial t^2}-\frac{\partial^2\zeta}{\partial x^2}\right)dxdt=0.$$

u_0 は自明でない周期 2π をもつ (34.1) の弱解である． □

問 題 4

1. $F(x)$ を，ヒルベルト空間 H の中の球 $B(x_0,r)$ (中心 x_0，半径 r) で定義された C^2–級の(実数値)汎関数とする．F はさらに，

$$(F''(x)y,y)\geqq A\|y\|^2\qquad (x\in B(x_0,r),\ y\in H);\qquad \|F'(x_0)\|\leqq Ar$$

を満たすと仮定する (A は正定数)．このとき

$$\frac{dx}{dt}=-f(x),\qquad x(0)=x_0\qquad (f(x)=\operatorname{grad}F(x))$$

は，すべての $t\geqq 0$ に対して定義された解 $x=x(t)$ を $B(x_0,r)$ の中にもつことを示せ．

2. 問1において，$\lim_{t\to\infty}x(t)$ $(\equiv x_\infty)$ が存在することを示せ．

3. 問2の中の x_∞ は，$B(x_0,r)$ における $f(x)=0$ のただひとつの解であることを示せ．

4. 問2の中の x_∞ は，$B(x_0,r)$ における $F(x)$ のただひとつの最小値を与える点であることを示せ．

5* (34.9) を示せ．

第 5 章
分 岐 理 論

§35. 古典的陰関数の定理

有限次元空間における陰関数の定理（高木 [29]，定理 73）はよく知られている．それは，次のごとく述べられる．

陰関数の定理（有限次元の場合） 実 $n+1$ 次元ユークリッド空間 $\boldsymbol{R}^{n+1}$ 内の領域 Ω で $f(x_1, \cdots, x_n, y)$ が C^1-級関数で，1 点 $(x_1^0, \cdots, x_n^0, y^0)$ において，$f(x_1^0, \cdots, x_n^0, y^0)=0$，$f_y(x_1^0, \cdots, x_n^0, y^0) \neq 0$ ならば，$(x_1^0, \cdots, x_n^0)$ の近傍で定義された C^1-級関数 g で，恒等的に，

$$\begin{cases} f(x_1, \cdots, x_n, g(x_1, \cdots, x_n))=0 \\ y_0=g(x_1^0, \cdots, x_n^0) \end{cases}$$

を満たすものが一意に存在する．

X, Y, Z をバナッハ空間とする．上の有限次元の陰関数の定理を，f が $X\times Y$ の開集合 U で定義され値を Z にもつ連続写像の場合に拡張しよう．

定理 35.1. （陰関数の定理） f を，1 点 $(x_0, y_0)\in U$ で $f(x_0, y_0)=0$ となる U で定義され値を Z にもつ連続写像とする．

（1） x を固定したとき，$f(x, y)$ は y に関して偏微分可能で，その偏導関数 $f_y(x, y)$ は，U から $\mathcal{L}_u(Y, Z)$ への写像として連続;

（2） $f_y(x_0, y_0)$ は Y から Z の上への 1 対 1 写像．

このとき

（i）　正数 r, δ を適当に選べば，

$$f(x, u(x)) = 0; \qquad u(x_0) = y_0 \tag{35.1}$$

を満たす連続写像 u：$B_r(x_0) \to B_\delta(y_0)$ が存在し，もし $x \in B_r(x_0)$，$y \in B_\delta(y_0)$ が $f(x, y) = 0$ ならば，$y = u(x)$ となる．ここで，$B_r(x_0)$，$B_\delta(y_0)$ はそれぞれ X, Y における中心 x_0, y_0，半径 r, δ の閉球である．

(ii)　もし $f \in C^1(U, Z)$ ならば，$u \in C^1(B_r(x_0), Y)$ であって，u_x は

$$u_x(x) = -(f_y(x, u(x)))^{-1} \cdot f_x(x, u(x)) \tag{35.2}$$

で与えられる．

(iii)　もし $f \in C^N(U, Z)\,(N > 1)$ ならば，$u \in C^N(B_r(x_0), Y)$．

証明　$x_0 = y_0 = 0$ と仮定しても一般性を失うことはない．$A = f_y(0, 0)^{-1}$ とおくと，$f(x, y) = 0$ は

$$y = y - Af(x, y)$$

と表される．

$$G(x, y) = y - Af(x, y)$$

とおいて，$y = G(x, y)$ を反復法で解こう．証明を 3 段に分ける．

（第 1 段）　正数 r, δ を適当にとれば，

$$G(x, y) : B_r(0) \times B_\delta(0) \to B_{3\delta/4}(0); \tag{35.3}$$

$$\|G(x, y_1) - G(x, y_2)\| \leqq \frac{1}{2}\|y_1 - y_2\| \qquad (x \in B_r(0);\ y_1, y_2 \in B_\delta(0)) \tag{35.4}$$

とできる．ここで $B_r(0)$，$B_\delta(0)$ は原点を中心とする半径 r，δ の X，Y における球である．実際，命題 1.22 より，

$$\begin{aligned} G(x, y_1) - G(x, y_2) &= (y_1 - y_2) - A(f(x, y_1) - f(x, y_2)) \\ &= A\int_0^1 [f_y(0, 0) - f_y(x, y_2 + s(y_1 - y_2))](y_1 - y_2)\,ds. \end{aligned} \tag{35.5}$$

$f_y(x, y)$ は x, y に関して連続であるから，r, δ を適当に小さくとれば，

$$\|f_y(0, 0) - f_y(x, y)\| \leqq \frac{1}{2\|A\|} \qquad (\|x\| \leqq r, \|y\| \leqq \delta)$$

とできる．故に，(35.5) より，

$$\|G(x, y_1) - G(x, y_2)\| \leqq \|A\| \int_0^1 \frac{1}{2\|A\|}\,ds \cdot \|y_1 - y_2\|.$$

故に，

$$\|G(x, y_1)-G(x, y_2)\|\leqq\frac{\|y_1-y_2\|}{2}.$$

これは，(35.4) の成立を示している．他方，$G(0, 0)=0$ であるから，r をさらに小さくとれば

$$\|G(x, 0)\|\leqq\frac{\delta}{4} \qquad (\|x\|\leqq r)$$

が成立するようにできる．故に，$\|x\|\leqq r$，$\|y\|\leqq\delta$ に対して，

$$\begin{aligned}\|G(x, y)\|&\leqq\|G(x, 0)\|+\|G(x, y)-G(x, 0)\|\\&\leqq\frac{\delta}{4}+\frac{\delta}{2}=\frac{3\delta}{4}.\end{aligned}$$

これは，(35.3) の成立を示している．

(第2段)

$$\begin{cases}u_0(x)=0\\u_{k+1}(x)=G(x, u_k(x))\end{cases}$$

と関数列 $\{u_k\}$ をつくる．このとき

主張：u_k は $u_k(0)=0$ を満たす $B_r(0)$ から $B_{3\delta/4}(0)$ への連続写像である．

実際，これは $k=0$ のとき成立．$k=n$ のとき成立すると仮定すると，(35.3) より，$u_{k+1}(x)\in B_{3\delta/4}(0)$ $(x\in B_r(0))$．f は連続，A は有界作用素であるから，G は x, y につき連続写像となる．故に

(35.6) $$u_{k+1}(x)=u_k(x)-Af(x, u_k(x))$$

であるから，$u_{k+1}(x)$ は連続である．最後に，

$$u_{k+1}(0)=u_k(0)-Af(0, u_k(0))=0$$

となる．これは主張が $k=n+1$ で成立していることを示している．

(第3段) (35.4) より，$\|u_k\|\leqq\delta$ であるから，

$$\|u_{k+1}(x)-u_k(x)\|\leqq\frac{1}{2}\|u_k(x)-u_{k-1}(x)\| \qquad (\|x\|\leqq r).$$

これより，連続関数列 $\{u_k(x)\}$ は，$B_r(0)$ 上一様にある元 $u(x)$ に収束する．第2段より，$u(x)$ は $B_r(0)$ から $B_{3\delta/4}(0)$ への連続写像かつ $u(0)=0$ を満たすことがわかる．さらに，(35.6) において，$k\to+\infty$ とすれば，Af の連続性

より，

$$u(x)=u(x)-Af(x, u(x))$$

すなわち，

$$f(x, u(x))=0$$

を得る．

(第4段) 一意性を示そう．$x\in B_r(0)$，$y\in B_\delta(0)$ が，$f(x, y)=0$ を満たすとする．このとき，$G(x, y)=y$. 上で構成した $u(x)$ に対しても，$G(x, u(x))=u(x)$．故に，(35.4) より，

$$\|u(x)-y\|=\|G(x, u(x))-G(x, y)\|\leqq\frac{1}{2}\|u(x)-y\|.$$

これより，$y=u(x)$ を得る．

(第5段) (ii), (iii) を示そう．$x, x+h\in B_r(0)$ に対して，$\varDelta_h u=u(x+h)-u(x)$ とおく．f は微分可能であるから，任意の $\varepsilon>0$ に対して，$\|\varDelta_h u\|$, $\|h\|$ が十分小ならば，

$$\|f(x+h, u(x+h))-f(x, u(x))-f_x(x, u(x))[h] - f_y(x, u(x))[\varDelta_h u]\|\leqq\varepsilon(\|\varDelta_h u\|+\|h\|) \tag{35.7}$$

が成立する．しかるに，u は連続であるから，$\|h\|$ が十分小ならば，$\|\varDelta_h u\|$ はいくらでも小さくなる．故に，(35.7) は $\|h\|$ が十分小ならば成立する．u は $f(x, u(x))=0$ を満たすから，(35.7) は，

$$\|f_x(x, u(x))[h]+f_y(x, u(x))[\varDelta_h u]\|\leqq\varepsilon(\|\varDelta_h u\|+\|h\|). \tag{35.8}$$

他方，

$$f_y(x, u(x))^{-1}-f_y(0, 0)^{-1}=f_y(0, 0)^{-1}[f_y(0, 0)-f_y(x, u(x))]f_y(x, u(x))^{-1}$$

であるから，

$$\|f_y(x, u(x))^{-1}\|\leqq\|f_y(0, 0)^{-1}\| + \|f_y(0, 0)^{-1}\|\ \|f_y(0, 0)-f_y(x, u(x))\|\ \|f_y(x, u(x))^{-1}\|.$$

故に，$f_y(x, u(x))$ は連続であるから，$\|x\|$ を十分小さくとれば，

$$\|f_y(x, u(x))^{-1}\|\leqq 2\|f_y(0, 0)^{-1}\|. \tag{35.9}$$

故に，(35.8) と合せて

$$\|\varDelta_h u+Th\|\leqq\|f_y(x, u(x))^{-1}\|\ \|f_y(x, u(x))[\varDelta_h u]+f_x(x, u(x))[h]\|$$

$$(35.10)\qquad \leqq 2\varepsilon\|f_y(0,0)^{-1}\|(\|h\|+\|\Delta_h u\|)$$
$$\leqq 2\varepsilon\|f_y(0,0)^{-1}\|(\|h\|+\|\Delta_h u+Th\|+\|Th\|).$$

ここで,

$$Th=[f_y(x,u(x))^{-1}\cdot f_x(x,u(x))][h].$$

$f_x(x,u(x))$ は連続より,

$$\|f_x(x,u(x))\|\leqq M \qquad (x\in B_r(0),\ M\text{: 正定数}).$$

故に, (35.9) と合せて

$$\|Th\|\leqq 2M\|f_y(0,0)^{-1}\|\|h\|.$$

$\varepsilon\|f_y(0,0)^{-1}\|\leqq 1/4$ くらいに ε を小さくとれば, (35.10) より

$$\|\Delta_h u+Th\|\leqq 4\varepsilon\|f_y(0,0)^{-1}\|(1+M')\|h\|.$$

$(M'=2M\|f_y(0,0)^{-1}\|)$ これは, u が微分可能であって, その微分 $u_x(x)=-Th$ であることを示している. すなわち,

$$u_x(x)=-f_y(x,u(x))^{-1}\cdot f_x(x,u(x)).$$

$f\in C^1$ ならば, この右辺は連続となるから, $u\in C^1$. $f\in C^2$ ならば, この右辺は C^1. 故に $u\in C^2$. 帰納的に, $f\in C^p$ ならば $u\in C^p$ であることが示される. これより, 定理の (ii), (iii) が示された. □

§36. 解 の 分 岐

X, Y をバナッハ空間, Ω を X の原点の近傍とする. R^1 の開区間 (λ_1,λ_2) に対して, $R^1\times X$ の開集合 V を $V=(\lambda_1,\lambda_2)\times\Omega$ と定める.

$$(36.1)\qquad f(\lambda,0)=0 \qquad (\lambda_1<\lambda<\lambda_2)$$

を満たす連続写像 $f: V\to Y$ が与えられているとしよう. V の中の与えられた点 $(\lambda_0,0)$ の近傍で, 方程式

$$(36.2)\qquad f(\lambda,x)=0$$

の解を考察する. (36.1) より, $(\lambda_0,0)$ は解であるが, λ を λ_0 の近くで変化させたとき, $(\lambda,0)$ 以外の解が現れるであろうか. 任意の $\varepsilon>0$ に対して, (36.2) を満たし, $|\lambda-\lambda_0|<\varepsilon$, $0<\|x\|<\varepsilon$ となる $(\lambda,x)\in V$ が存在するとき, $\lambda=\lambda_0$ を**分岐点**という. 特に, 任意の正数 ε に対して, $0<\|x\|<\varepsilon$ と $f(\lambda_0,x)=0$ を満たすとき, $\lambda=\lambda_0$ を**垂直な分岐点**という.

例 36.1.　X, Yを$X\subset Y$なるバナッハ空間とする．TをXからYへの線型有界作用素，fを$f(\lambda, x)=\lambda x-Tx$とすると，$\lambda=\lambda_0$が$T$の固有値ならば，$\lambda_0$は分岐点である．しかも，それは垂直な分岐点である．x_0をλ_0に対応するTの固有ベクトルとすれば，

$$f(\lambda_0, \mu x_0)=\mu f(\lambda_0, x_0)=0 \qquad (\mu\text{: 実数})$$

であるからである．

fを十分なめらか，すなわちC^3-級の写像と仮定しよう．

命題 36.2.　λ_0が分岐点ならば，XからYへの線型作用素$f_x(\lambda_0, 0)$は0をスペクトルにもつ．すなわち，$f_x(\lambda_0, 0)$はXからYの上への1対1写像ではない．

証明　矛盾によって示そう．もし，$f_x(\lambda_0, 0)$がXからYの上への1対1写像とすれば，陰関数の定理(定理 35.1)より，十分小さく正数δをとれば，

$$\begin{cases} f(\lambda, x(\lambda))=0 & (\lambda_0-\delta<\lambda<\lambda_0+\delta) \\ \quad x(\lambda_0)=0 & \end{cases}$$

を満たすC^3-級のX-値関数$x=x(\lambda)$が存在する．しかも，$(\lambda_0, 0)$の十分小さい近傍の中には，この解以外に(36.2)の解は存在しない．しかるに，λが十分λ_0に近ければ，(36.1)より，$(\lambda, 0)$は(36.2)の解である．$x(\lambda)=0$となる．これは$\lambda=\lambda_0$が分岐点であることに矛盾する．　□

$\lambda=\lambda_0$が分岐点ならば，0は$f_x(\lambda_0, 0)$のスペクトルの点である．逆は成り立たない．

例 36.3.　$\boldsymbol{R}^1\times\boldsymbol{R}^2$から$\boldsymbol{R}^2$への写像$f$:

$$f(\lambda, x)=\begin{bmatrix} x_1 \\ x_2 \end{bmatrix}-\lambda\begin{bmatrix} x_1 \\ 2x_2 \end{bmatrix}+\begin{bmatrix} -x_2{}^3 \\ x_1{}^3 \end{bmatrix} \qquad \left(x=\begin{bmatrix} x_1 \\ x_2 \end{bmatrix}\right)$$

に対して，$x=0$はつねに$f(\lambda, x)=0$の解である．これ以外に解が現れるのは$1/2<\lambda<1$のときであって，その解は．

$$x=\pm\begin{bmatrix} (2\lambda-1)^{3/8}\ (1-\lambda)^{1/8} \\ (2\lambda-1)^{1/8}\ (1-\lambda)^{3/8} \end{bmatrix}$$

となることが直接計算によって確かめられる．すなわち，$\lambda=1/2$と$\lambda=1$が分岐点である．(λ, x_1)の非負解のグラフを描くと図12の通りである．

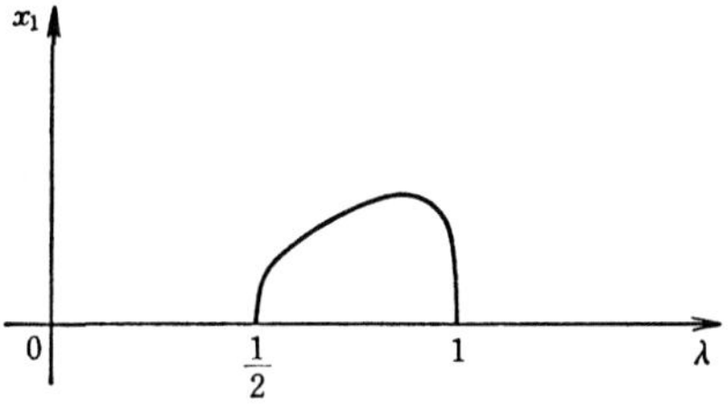

図 12

このとき，

$$f_x(\lambda,0)=\begin{bmatrix}1-\lambda & 0\\ 0 & 1-2\lambda\end{bmatrix}$$

となるから，$f_x(\lambda,0)$ が0を固有値にもつのは，$\lambda=1/2$，$\lambda=1$ のときである．

例 36.4. $\boldsymbol{R}^1\times\boldsymbol{R}^2$ から $\boldsymbol{R}^2$ への写像 f:

$$f(\lambda,x)=\begin{bmatrix}x_1\\ x_2\end{bmatrix}-\lambda\begin{bmatrix}x_1\\ x_2\end{bmatrix}+\begin{bmatrix}-x_2{}^3\\ x_1{}^3\end{bmatrix}$$

に対しては，

$$f_x(\lambda,0)=\begin{bmatrix}1-\lambda & 0\\ 0 & 1-\lambda\end{bmatrix}$$

となるから，$f_x(\lambda,0)$ の固有値は $\lambda=1$ である．(x,λ) が解とすれば，$f(\lambda,x)$ の第1成分$=x_1-\lambda x_1-x_2{}^3=0$; $f(\lambda,x)$ の第2成分$=x_2-\lambda x_2+x_1{}^3=0$. 故に，

$$0=x_2(x_1-\lambda x_1-x_2{}^3)-x_1(x_2-\lambda x_2+x_1{}^3)=-(x_1{}^4+x_2{}^4)$$

となるから，$x_1=x_2=0$. すなわち $x=0$ 以外に $f(\lambda,x)=0$ の解はない．$\lambda=1$ は分岐点でない．

例 36.5. 次の微分方程式の境界値問題を考える:

(36.3) $$-x''(t)=\mu\sin x(t)\qquad(0<t<1);$$

(36.4) $$x'(0)=x(1)=0.$$

任意の実数 μ に対して，$x(t)\equiv 0$ は解である．これからの分岐を考えよう．(36.3)，(36.4) をまず積分方程式に変換する．境界条件 (36.4) を満たす $-d^2/dx^2$ のグリーン関数 $k(t,s)$ は，

$$k(t,s)=\begin{cases}1-t & (0\leqq s\leqq t)\\ 1-s & (t\leqq s\leqq 1)\end{cases}$$

で与えられるから，(36.3)，(36.4) は，

$$f(x)(t)\equiv x(t)-\mu\int_0^1 k(t,s)(\sin x(s))ds=0.$$

$y\in C([0,1])$ に対して，

$$f'(x)[y](t)=y(t)-\mu\int_0^1 k(t,s)(\cos x(s))y(s)ds.$$

よって，特に，$x=0$ に対して

$$f'(0)[y]=y(\cdot)-\mu\int_0^1 k(\cdot,s)y(s)ds.$$

もし μ が分岐点とすれば，命題36.2より $f'(0)$ は 0をスペクトルにもたねばならない．

$$Ty=\int_0^1 k(\cdot,s)y(s)ds$$

とおくと，T は $C[0,1]$ の中のコンパクト作用素である (例1.2) から，$f'(0)[y]=0$ は自明でない解 y をもたなければならない．すなわち，

$$z=Ty$$

とおくと，この z は境界値問題

(36.5) $$-z''(t)=\mu z(t)\qquad (0<t<1);\qquad z'(0)=z(1)=0$$

の非自明解である．これが非自明解をもつのは，

(36.6) $$\mu=\frac{(2n-1)^2\pi^2}{4}\qquad (n=0,1,\cdots)$$

の場合にかぎる．よって，分岐が起こるとすれば，(36.6) のごとき μ に対してのみである．

§37. リャプーノフ・シュミットの方法

前節でみた通り，$f_x(\lambda_0,0)$ が0をスペクトルにもつだけでは，λ_0 が分岐点となるのに不十分である．また，λ_0 を分岐点とすれば，分岐する解をどう構成していくのであろうか．**リャプーノフ・シュミット**(Ljapunov–Schmidt)は，これらの問題を，有限次元の方程式の問題に帰着させた．彼らの与えた推論は分岐理論で基本的である．次の仮定をしよう．

仮定 (i) $\mathrm{Ker}(f_x(\lambda_0,0))$ は有限次元;

(ii) $f_x(\lambda_0, 0)$ の値域 $R(f_x(\lambda_0, 0))$ は閉部分空間であって，その余次元は有限．

上の仮定の下で，バナッハ空間 X, Y は，

$$X = X_1 \oplus X_2 \qquad (X_1 = \mathrm{Ker}(f_x(\lambda_0, 0))) \tag{37.1}$$

$$Y = Y_1 \oplus Y_2 \qquad (Y_1 = R(f_x(\lambda_0, 0)))$$

と直和分解される．P を Y_2 の射影とすると，$Q=I-P$ は Y_1 への射影である．仮定より，Y_2 は有限次元空間(その次元を d とする)であるから，有限個の元 $y_1, \cdots, y_d$ で Y_2 は張られる．これに対して，

$$\langle y'_j, y_k \rangle = \delta_{jk} \qquad (\text{クロネッカーのデルタ})$$

$$\langle y'_j, y \rangle = 0 \qquad (y \in Y_1)$$

なる $y'_j \in Y^*(j=1, 2, \cdots, d)$ が存在する (Y^*: Y の共役空間)．このとき，

$$Qy = y - \sum_{j=1}^{d} \langle y'_j, y \rangle y_j$$

で与えられる．方程式 (36.2) は (37.1) より ($x = x_1 + x_2 \in X_1 + X_2$)

$$\begin{cases} Qf(\lambda, x_1 + x_2) = 0 \\ Pf(\lambda, x_1 + x_2) = 0 \end{cases} \tag{37.2}$$

となる．$g(\lambda, x_1, x_2) = Qf(\lambda, x_1 + x_2)$ とおき，この g を $(\boldsymbol{R}^1 \times X_1) \times X_2 \to Y_1$ への写像と考えると，

$$g_{x_2}(\lambda_0, 0, 0) = Qf_x(\lambda_0, 0)$$

は X_2 から Y_1 の上への 1 対 1 連続写像である．故に，定理 35.1 を適用 (X と Y の役割が入れ替っていることに注意)すれば，

$$Qf(\lambda,\ x_1 + x_2(\lambda, x_1)) = 0; \qquad x_2(\lambda_0, 0) = 0 \tag{37.3}$$

を満たす X_2-値 C^3-級の関数 $x_2 = x_2(\lambda, x_1)$ が $(\lambda_0, 0) \in \boldsymbol{R}^1 \times X_1$ の近傍で一意的に存在する．次に，x_1 は (37.2) の第 2 式を満たすように決めればよい:

$$Pf(\lambda, x_1 + x_2(\lambda, x_1)) = 0; \qquad x_2(\lambda_0, 0) = 0. \tag{37.4}$$

x_1 は有限次元空間の元であり，方程式も有限個になっている．この方程式を**分岐方程式**という．λ_0 が分岐点となるためには，$\boldsymbol{R}^1 \times X_1$ の点 $(\lambda_0, 0)$ の($\boldsymbol{R}^1 \times X_1$ において)どんな近いところにも $x_1 \neq 0$ となる (37.4) 解が存在することが必要かつ十分な条件である．

例 37.1.　例36.3の場合を考えてみよう．$\lambda_0=1$とすると，簡単な計算より．

$$\mathrm{Ker}(f_x(1,0))=\{\alpha\begin{bmatrix}1\\0\end{bmatrix};\quad \alpha\in\boldsymbol{R}^1\};\quad R(f_x(1,0))=\{\alpha\begin{bmatrix}0\\1\end{bmatrix};\quad \alpha\in\boldsymbol{R}^1\}.$$

故に，(37.3) は，

$$(1-2\lambda)x_2(\lambda,x_1)+x_1{}^3=0$$

となる．故に，$x_2(\lambda,x_1)=(2\lambda-1)^{-1}x_1{}^3$．(37.4) は，

$$(1-\lambda)x_1-x_2{}^3=(1-\lambda)x_1-(2\lambda-1)^{-3}x_1{}^9=0$$

となる．これより，$x_1=0$，$x_1=(1-\lambda)^{1/8}(2\lambda-1)^{3/8}$を得る．

§38.　分岐解の存在

Vを§36の通りとする．写像f: $V\to Y$をC^1-級の写像とする．このとき，$\lambda_1<\lambda_0<\lambda_2$なる$\lambda_0$が分岐点となるための十分条件を与える．まず仮定を述べる．

仮定 1.　$f_{\lambda x}$が存在してV上(作用素ノルムで)連続．

仮定 2.　$\mathrm{Ker}(f_x(\lambda_0,0))$の次元は1.

仮定 3.　$\mathrm{R}(f_x(\lambda_0,0))$は余次元1の閉部分空間.

仮定 4.　$f_{\lambda x}(\lambda_0,0)x_0\notin R(f_x(\lambda_0,0))$

となる$x_0\in\mathrm{Ker}(f_x(\lambda_0,0))$が存在する($x_0$は以後，$x_0\in\mathrm{Ker}(f_x(\lambda_0,0))$の元として固定する)．

注意　仮定4を満たすx_0がひとつでもあれば，仮定2より，ゼロでないすべての$x_0\in\mathrm{Ker}(f_x(\lambda_0,0))$に対し成立.

ZをXの$\mathrm{Ker}(f_x(\lambda_0,0))$の補空間とする($Z$は一般には一意的には決まらない)．このとき次の定理が成立する（証明は次節)．

定理 38.1.　上の仮定の下で，$R^1\times X$における$(\lambda_0,0)$の近傍$V_0(\subset V)$，原点を含む区間I，$\lambda(0)=\lambda_0$を満たすI上で定義された実数値連続関数$\lambda=\lambda(s)$ $(s\in I)$を適当にとれば，$f(\lambda,x)=0$を満たす点(λ,x) $(\in V_0)$の全体は，次のふたつの曲線Γ_1,Γ_2の合併と一致する：

$$\Gamma_1=\{(\lambda(s),\ sx_0+sz(s));\ s\in I\},$$

$$\Gamma_2=\{(\lambda,0);\ (\lambda,0)\in V_0\}.$$

ここで，$z=z(s)$は，I上で定義され，$z(0)=0$を満たすZ-値連続関数である．

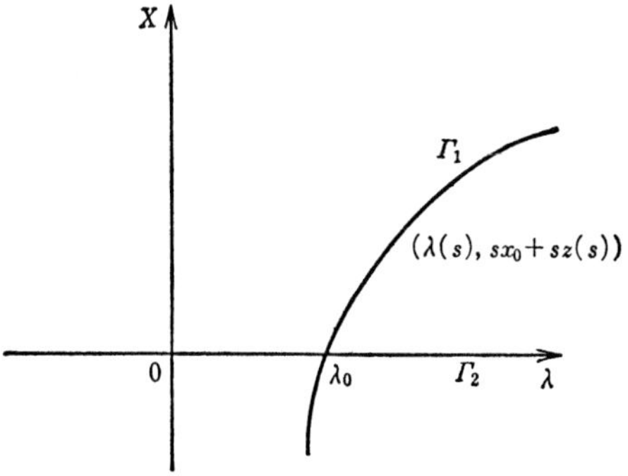

図 13

さらに，f が V 上 C^p-級（$p\geqq 3$）の写像ならば，λ, z として，C^{p-2}-級にとれる．

例 38.2.　例 36.3 の場合を考える．前にみた通り，$f_x(\lambda, 0)=\begin{bmatrix}1-\lambda & 0\\ 0 & 1-2\lambda\end{bmatrix}$ となるが，0 が固有値となるのは $\lambda=1/2$，$\lambda=1$ の場合である $\mathrm{Ker} f_x(1/2, 0)=\{\alpha\begin{bmatrix}0\\1\end{bmatrix};\ -\infty<\alpha<\infty\}$，$Rf_x(1/2, 0))=\{\alpha\begin{bmatrix}1\\0\end{bmatrix};\ -\infty<\alpha<\infty\}$ となる．定理 38.1 の仮定 2，仮定 3 は明らかである．$f_{\lambda x}(\lambda, 0)=\begin{bmatrix}-1 & 0\\ 0 & -2\end{bmatrix}$ であるから，

$$\begin{bmatrix}-1 & 0\\ 0 & -2\end{bmatrix}\begin{bmatrix}0\\1\end{bmatrix}\notin R\left(f_x\left(\frac{1}{2}, 0\right)\right).$$

仮定 4 も満たされる．故に，1/2 は定理 38.1 より分岐点である．$\lambda=1$ も同様である．

例 38.3.　常微分方程式の境界値問題：

$$(38.1)\qquad \begin{cases}u''+\lambda[u+v(u^2+v^2)]=0\\ v''+\lambda[v-u(u^2+v^2)]=0\end{cases}\qquad (0<t<1)$$

および

$$u(0)=u(1)=0;\qquad v(0)=v(1)=0$$

を考える．これは分岐点をもたない，すなわち，

$$X=\left\{\begin{bmatrix}u\\v\end{bmatrix}\middle|\, u, v\in C^2[0, 1],\ u(0)=u(1)=v(0)=v(1)=0\right\};$$

$$Y=\left\{\begin{bmatrix} u \\ v \end{bmatrix} \middle| u, v \in C[0, 1]\right\};$$

$$f(\lambda, U)=\begin{bmatrix} u'' \\ v'' \end{bmatrix}+\lambda\begin{bmatrix} u+v(u^2+v^2) \\ v-u(u^2+v^2) \end{bmatrix}, \qquad \left(U=\begin{bmatrix} u \\ v \end{bmatrix}\right)$$

とおくと，$f(\lambda, U)=0$ の解は $U=0$ にかぎる．実際，部分積分によって，

$$0=\int_0^1[((38.1)\text{の第1式})\times v-((38.1)\text{の第2式})\times u]dt$$

$$=\lambda\int_0^1(u^2+v^2)^2dt.$$

$\lambda\neq 0$ でなければ，$u=v=0$ となる．$\lambda=0$ のとき，$u''=v''=0$ より，境界条件を考慮すれば $u=v=0$ となる．他方，

$$f_U(\lambda, 0)\,W=\begin{bmatrix} w_1''+\lambda w_1 \\ w_2''+\lambda w_2 \end{bmatrix}, \qquad \left(W=\begin{bmatrix} w_1 \\ w_2 \end{bmatrix}\right).$$

$f_U(\lambda, 0)$ が0を固有値としてもつのは，$\lambda=n^2\pi^2$ の場合であり，$\mathrm{Ker}(f_U(n^2\pi^2, 0))=\left\{\alpha\begin{bmatrix} \sin n\pi t \\ 0 \end{bmatrix}+\beta\begin{bmatrix} 0 \\ \sin n\pi t \end{bmatrix}(\alpha, \beta;\ \text{実数})\right\}$ である．次元は2である．定理38.1において，$\mathrm{Ker}(f_x(\lambda_0, 0))$ の次元が1であることは意味のあることである．

例 38.4.　常微分方程式の境界値：

$$\begin{cases} x''+\lambda\sin x=0 \\ x'(0)=x(1)=0 \end{cases}$$

を考える．

$$X=\{u\in C^2([0, 1])\,|\,u'(0)=u(1)=0\};$$

$$Y=C([0, 1]),$$

$$f(\lambda, x)=x''+\lambda\sin x$$

とおく．仮定1を満たすことは明らか．

$$f_x(\lambda, 0)u=u''+\lambda u$$

となるから，この作用素が0を固有値にもつのは，$\lambda_n=(2n-1)^2\pi^2/4$．この λ が，分岐点の可能性がある．また，

$$\mathrm{Ker}(f_x(\lambda_n, 0))=\{\alpha\varphi_n(x);\ -\infty<\alpha<\infty\};$$

$$R(f_x(\lambda_n, 0))=\left\{u\in C([0, 1]);\ \int_0^1u(t)\varphi_n(t)dt=0\right\}.$$

ここで，$\varphi_n(t)=\cos(2n-1)\pi t/2$ (各自確かめよ)．仮定 2, 3 は成立．

$$f_{x\lambda}(\lambda_n, 0)\varphi_n=\varphi_n$$

であるから，$f_{x\lambda}(\lambda_n, 0)\varphi_n \notin R(f_x(\lambda_n, 0))$，定理 38.1 の仮定をすべて満たす．故に，$\lambda_n (n=1, 2, \cdots)$ は分岐点である．

§39. 定理 38.1 の証明

$\lambda_0=0$，$\lambda_1=-1$，$\lambda_2=1$ としても一般性を失わない．$sx_0+sz\in\Omega$，$|\lambda|<1$ なる (s, λ, z) $(\in R^1\times R^1\times Z)$ に対して，Y-値関数 $g=g(s, \lambda, z)$ を

$$g(s, \lambda, z)=\begin{cases}\dfrac{1}{s}f(\lambda, sx_0+sz) & (s\neq 0)\\ f_x(\lambda, 0)[x_0+z] & (s=0)\end{cases}$$

と定める．このとき，g は，s, λ, z につき連続であって，

$$g(0, 0, 0)=0$$

を満たす λ, z に関して連続的微分可能な関数である．実際，仮定 2 より，

$$g(0, 0, 0)=f_x(0, 0)[x_0]=0.$$

Γ_1 の点は $f(\lambda, x)=0$ の解であることを示す．次の補題を示せばよい．$x(s)=sx_0+sz(s)$ とおく．

補題 39.1. 原点を含む区間 I, I 上の実数値連続関数 $\lambda=\lambda(s)$，I 上の Z-値連続関数 $z=z(s)$，正数 δ を次の条件を満たすようにとれる．

(i) $\quad g(s, \lambda(s), z(s))=0, \quad s\in I;$

(ii) $\quad \lambda(0)=0, \quad z(0)=0;$

(iii) $\quad |\lambda(s)|+\|z(s)\|<\delta, \quad s\in I.$

$|\lambda|+\|z\|<\delta$ を満たす $g(s, \lambda, z)=0$ の解 (λ, z) は，上の $(\lambda(s), z(s))$ にかぎる．さらに，f が C^p-級 $(p\geqq 3)$ の写像ならば，$\lambda=\lambda(s)$，$z=z(s)$ は C^{p-2}-級写像となる．

証明 陰関数の定理(定理 35.1)を適用する．そのためには，g の λ, z に関するフレッシェ微分 $g_{(\lambda, z)}$ が，$s=0$，$\lambda=0$，$z=0$ で，$R^1\times Z$ から Y への 1 対 1，上への写像であることを示せばよい．直接計算によって，

$$g_{(\lambda, z)}(0, 0, 0)(\lambda, z)=\lambda f_{x\lambda}(0, 0)[x_0]+f_x(0, 0)[z].$$

もし $g_{(\lambda,z)}(0,0,0)(\lambda,z)=0$ ならば，

$$\lambda f_{x\lambda}(0,0)[x_0]=-f_x(0,0)[z]\in R(f_x(0,0)).$$

よって仮定4より，$\lambda=0$. 故に，$f_x(0,0)[z]=0$. よって，$z\in\mathrm{Ker}(f_x(0,0))\cap Z$. これより，$z=0$，1対1である．上への写像であることをいう．仮定3と仮定4より，

$$(39.1)\qquad Y=R(f_x(0,0))\oplus\{tf_{x\lambda}(0,0)x_0;\ t\in R^1\}.$$

また，Z の定義より，

$$(39.2)\qquad X=\{tx_0;\ t\in R^1\}\oplus Z.$$

さて，(39.1) より，任意の $y\in Y$ に対して，

$$y=f_x(0,0)x+tf_{x\lambda}(0,0)x_0$$

となる $x\in X$ と実数 t が存在．(39.2) より，

$$x=t'x_0+z$$

となる実数 t' と $z\in Z$ が存在する．故に，

$$f_x(0,0)x=t'f_x(0,0)x_0+f_x(0,0)z=f_x(0,0)z$$

より，

$$y=f_x(0,0)z+tf_{x\lambda}(0,0)x_0.$$

これは，$g_{(\lambda,z)}(0,0,0)$ が上への写像であることを示している(補題の証明終).

$f(\lambda,x)=0$ の自明でない解は Γ_1 上の点であることを示す．そのために，補題を用意する．

補題 39.2. δ を補題39.1の通り，このとき，正数 δ_1 を適当にとれば.

$$(39.3)\qquad f(\lambda,sx_0+v)=0\qquad(v\in Z),$$

$$(39.4)\qquad |\lambda|+\|sx_0+v\|<\delta_1$$

を満たす (s,λ,v) は，

$$(39.5)\qquad |s||\lambda|+\|v\|\leqq\delta|s|.$$

さしあたって，上の補題が証明されたとしよう．$(\lambda,x)\in R^1\times X$ を，

$$|\lambda|+\|x\|<\delta_1$$

を満たす $f(\lambda,x)=0$ の点としよう．(39.2)より；

$$x=sx_0+v\qquad(s\in R^1,\ v\in Z).$$

$s=0$ ならば，(39.5) より，$x=0$ となり，$(\lambda, 0)$ は Γ_2 上にある．$s\neq 0$ ならば，補題39.2より，$z=v/s$ とおくと，

$$|\lambda|+\|z\|\leqq\delta.$$

しかも，この (s, λ, z) は，

$$g(s,\lambda,z)=0.$$

補題39.1より，$\lambda=\lambda(s)$，$z=z(s)$ となる．よって，

$$(\lambda, x)=(\lambda(s), sx_0+sz(s))$$

は Γ_1 上の点である．

補題 39.2 の証明　$f(\lambda, 0)=0$ に注意すれば，

$$f(\lambda, sx_0+v)=I_1+I_2+I_3+I_4+I_5 \tag{39.6}$$

と分けられる．ただし，

$$I_1=f_x(0,0)v+\lambda sf_{\lambda x}(0,0)x_0(=g_{(\lambda,z)}(0,0)(\lambda s, v));$$
$$I_2=f(\lambda, sx_0+v)-f(\lambda, sx_0)-f_x(\lambda, sx_0)v;$$
$$I_3=f_x(\lambda, sx_0)v-f_x(0,0)v;$$
$$I_4=f(\lambda, sx_0)-f(\lambda, 0)-sf_x(\lambda, 0)x_0;$$
$$I_5=sf_x(\lambda, 0)x_0-s\lambda f_{\lambda x}(0,0)x_0.$$

各 I_j を評価しよう．前に見た通り，写像 $g_{(\lambda,z)}(0,0):R^1\times Z\to Y$ は1対1，上への有界作用素であるから，逆が存在して，それも有界となる（関数解析の「閉グラフ定理」（黒田［2］，定理7.33））．よって，

$$c_1(|\lambda s|+\|v\|)\leqq\|\lambda sf_{\lambda x}(0,0)x_0+f_x(0,0)v\|=\|I_1\|. \tag{39.7}$$

同様にして，

$$c_1(|s|+\|v\|)\leqq\|sx_0+v\|. \tag{39.8}$$

ここで，c_1 は正定数．h によって，$h(0)=0$ なる連続関数を一般的に表すとすると，テイラーの公式(系7.2)によって，

$$\|I_2\|\leqq\|v\|h(\|v\|);$$
$$\|I_3\|\leqq(h(|s|)+h(|\lambda|))\|v\|;$$
$$\|I_4\|\leqq|s|h(|s|); \tag{39.9}$$
$$\|I_5\|\leqq|s||\lambda|h(|\lambda|).$$

他方，(39.6)の左辺は，(39.3) よりゼロである．上の (39.7)，(39.9) によっ

て，$I_1=-I_2-I_3-I_4-I_5$ より，

$$c_1(|\lambda s|+\|v\|)\leqq\|v\|(h(\|v\|)+h(|s|)+h(|\lambda|)) + |s|h(|s|)+|s\lambda|h(|\lambda|). \tag{39.10}$$

さて，(39.4) の δ_1 を十分小さくとれば，(39.4), (39.8) より，$|\lambda|$, $|s|$ と $\|v\|$ は小さくなる．よって

$$h(\|v\|)+h(|s|)+h(|\lambda|)\leqq\frac{1}{2}c_1$$

くらいにとれる．このように δ_1 をとれば，(39.10) より，

$$c_1(|\lambda s|+\|v\|)\leqq 2|s|h(|s|).$$

s は有限区間を動き，h は連続であるから，上式より，求める不等式 (39.5) を得る． □

§40. 応用．常微分方程式に対する非線型固有値問題

前節に述べた分岐解の存在に関する定理の応用として，例 38.4 を一般にした次の常微分方程式の固有値問題を考える：

$$\begin{cases} Au\equiv-(p(x)u')'+q(x)u=\lambda g(u,u'), & 0<x<\pi; \\ a_0u(0)+b_0u'(0)=a_1u(\pi)+b_1u'(\pi)=0. \end{cases} \tag{40.1}$$

ただし，p は $C^1[0,\pi]$ に属する正の関数．$q\in C[0,\pi]$，g は $C^1(\boldsymbol{R}^2)$ に属し，

$$g(0,0)=g_{u'}(0,0)=0; \qquad g_u(0,0)\ (\equiv a)>0 \tag{40.2}$$

を満たす関数．a_j, b_j は，$a_j^2+b_j^2\neq 0$ を満たす定数 ($j=0,1$)．

(40.1) に対して，線型固有値問題：

$$Au=\mu au, \qquad 0<x<\pi; \tag{40.3}$$

$$a_0u(0)+b_0u'(0)=a_1u(\pi)+b_1u'(\pi)=0 \tag{40.4}$$

が対応する．この線型常微分方程式の固有値問題について，次のことはよく知られている(草野 [31]，定理 2.12)．

補題 40.1. 固有値問題 (40.3), (40.4)のスペクトルは$+\infty$に発散する単純固有値の列 $\{\mu_n\}$ からなる．各 μ_n に対応する固有関数 φ_k は区間 $(0,\pi)$ の中にちょうど $n-1$ 個の，位数 1 の零点をもつ(以下，$\|\varphi_k\|_{L_2}=1$ と正規化しておく)．

次を示そう．

定理 40.2. (40.3), (40.4)の各固有値 μ_k は，(40.1) の分岐点である．

証明 $\mu_k=0$ の場合は明らかに成立する．$\mu_k\neq 0$ とする．このとき，(40.3), (40.4) は0を固有値としてもたないとしよう（0を固有値にもつ場合も，多少修正すれば同様に示される）．

$$X=\{u\in C^1[0,\pi];\ u \text{ は (40.4) を満たす}\}$$

とおき，X にノルム

$$\|u\|=\max_x|u(x)|+\max_x|u'(x)| \qquad (0\leqq x\leqq\pi)$$

を入れると，バナッハ空間となる．任意の $h\in X$ に対して，

$$Au=h, \qquad 0<x<\pi \tag{40.5}$$

の境界条件 (40.4) を満たす解 u は，(40.4) を満たす A に対するグリーン関数 $k(x,y)$ を用いて，

$$u(x)=\int_0^\pi k(x,y)h(y)dy \qquad (\equiv Gh)$$

で与えられ，次の性質をもつ(前掲書をみよ)．

補題 40.3. 上に定めた G は，X から X へのコンパクト作用素である．

この G を用いて，(40.1) は次の積分方程式に変換される．

$$u(x)-\lambda\int_0^\pi k(x,y)g(u(y),u'(y))dy=0$$

すなわち，

$$f(\lambda,u)\equiv u-\lambda aG(u)-\lambda H(u)=0.$$

ここで，

$$H(u)=\int_0^\pi k(\cdot,y)[g(u(y),u'(y))-au(y)]dy.$$

例 3.5 と同様に，

$$H_u(u)[v]=\int_0^\pi k(\cdot,y)[g_u(u(y),u'(y))v(y)$$
$$+g_{u'}(u(y),u'(y))v'(y)-av(y)]dy.$$

よって，(40.2) より，

$$H_u(0)[v]=0.$$

故に，

$$f_u(\lambda, 0)[v]=v-\lambda aG(v).$$

もしλが分岐点ならば，$f_u(\lambda, 0)$ は，命題 36.2 より，0をスペクトルにもつから，$f_u(\lambda, 0)[v]=v-\lambda aG(v)=0$ となる $v(\neq 0)$ が存在する．この v は (40.3)，(40.4) を満たす $Av=\lambda av$ の解である．補題 40.1 より，λ はある μ_k と一致する．逆に，$\lambda\equiv\lambda_0=\mu_k$ とする．定理 38.1 の仮定を確かめよう．仮定 1 は明らか．仮定 2 を示す．補題 40.1 より，

$$\begin{aligned}\mathrm{Ker}(f_u(\mu_k, 0))&=\{v\,|\,v=\mu_k aG(v)\}\\&=\{v\,|\,Av=\mu_k av\}\\&=\{t\varphi_k\,|\,t\in R^1\}.\end{aligned}$$

よって，$\mathrm{Ker}(f_u(\mu_k, 0))$ の次元は 1．仮定 3 を検証する．$h\in R(f_u(\mu_k, 0))$ となるための必要かつ十分な条件は，

$$v-\mu_k aG(v)=h$$

を満たす $v\in X$ が存在することである．$u=Gv$ とおくとわかるとおり，このことは，(40.4) と方程式：

(40.6) $$Au-\mu_k au=h$$

を満たす u が存在することと同値である．このための必要かつ十分な条件は，

(40.7) $$\int_0^\pi h(x)\varphi_k(x)dx=0$$ （草野 尚：前掲書をみよ)．

よって，

(40.8) $$R(f_u(\mu_k, 0))=\{h\in X;\ h \text{ は (40.7) を満たす}\}.$$

よって，$R(f_u(\mu_k, 0))$ は閉部分空間で，その余次元は 1 である．

$$f_{\lambda u}(\mu_k, 0)[v]=-aG(v)$$

であるから，

$$f_{\lambda u}(\mu_k, 0)[\varphi_k]=-aG(\varphi_k)=-\frac{1}{\mu_k}G(A\varphi_k)=-\frac{1}{\mu_k}\varphi_k.$$

(40.8) より，$\varphi_k\notin R(f_u(\mu_k, 0))$ であるから，$f_{\lambda u}(\mu_k, 0)[\varphi_k]\notin R(f_u(\mu_k, 0))$．これで定理 38.1 の仮定はすべて確かめられた．定理 38.1 より，定理 40.2 が直ちに示される． □

§41. 応用．常微分方程式の周期解

定理38.1の応用として，常微分方程式系

$$y''+Ay+g(y,y')=0 \qquad \left(y'=\frac{dy}{dt}\right) \tag{41.1}$$

の特異点の近くで周期解が存在することを示そう．ここで，$y=y(t)$はtのN-ベクトル値関数，A,gはそれぞれ与えられた$N\times N$行列，N-ベクトル値関数である．

次の仮定をする．

仮定 1. Aは可逆な実対称行列で，k個の正の固有値$\lambda_1^2\leqq\lambda_2^2\leqq\cdots\leqq\lambda_k^2$をもつ．

仮定 2. gは$C^2(\boldsymbol{R}^N\times\boldsymbol{R}^N;\boldsymbol{R}^N)$に属し，

$$g(y,-z)=g(y,z); \tag{41.2}$$

および原点の近傍で

$$g(y,z)=o(|y|+|z|). \tag{41.3}$$

このとき，

定理 41.1. 上の通り仮定する．もしjと異なるすべてのi $(i=1,2,\cdots,k)$に対して，

$$\frac{\lambda_i^2}{\lambda_j^2}\neq\text{整数} \tag{41.4}$$

ならば，正数ε_0と

$$\lambda_j(0)=\lambda_j \tag{41.5}$$

を満たす$[0,\varepsilon_0]$上のC^1-関数$\lambda_j(\varepsilon)$を適当にとると，各$0<\varepsilon\leqq\varepsilon_0$に対して，(41.1)は周期$2\pi/\lambda_j(\varepsilon)$の自明でない周期解$y_j=y_j(\varepsilon)$をもつようにできる．

証明 Aは実対称行列であるから，適当に座標変換することによって，Aは対角形の行列であると仮定してよい．(41.1)の周期$2\pi\lambda^{-1}$の周期解を求めることは，変数変換

$$t\to s=\frac{\lambda t}{2\pi}, \qquad x(s)=y\left(\frac{2\pi}{\lambda}s\right) \qquad (\lambda：\text{パラメータ})$$

を施すことによって，方程式

$$x''+\left(\frac{2\pi}{\lambda}\right)^2\left[Ax+g\left(x,\frac{\lambda}{2\pi}x'\right)\right]=0 \qquad \left(x'=\frac{dx}{ds}\right) \tag{41.6}$$

の周期1の周期解を求めることと同値である．λを適当にとれば(41.6)の周

期1の自明でない周期解をもつことを示そう．空間 X を設定して (41.6) を作用素方程式の形に表したい．区間 [0, 1/2] 上で定義され，境界条件

$$(41.7)\qquad x'(0)=x'\left(\frac{1}{2}\right)=0$$

を満たす C^1-級 N-ベクトル値関数の全体にノルム

$$\|x\|=\sup_s|x(s)|+\sup_s|x'(s)|\qquad(0\leqq s\leqq 1)$$

を定めると，これはバナッハ空間となる．これを X で表す．(41.6) の非自明な周期解の存在のためには，X に属する，区間 [0, 1/2] 上の (41.6) の自明でない解 x の存在を示しさえすればよい．実際，x が存在すれば，

$$x(-s)=x(s)\qquad\left(0\leqq s\leqq\frac{1}{2}\right)$$

によって x を [−1/2, 0] まで拡張し，あとは周期1で全区間: $-\infty<s<\infty$ まで拡張する．それを $\tilde{x}$ で表す．x は微分方程式の解であるから $C^2[0, 1/2]$．これより，拡張された関数 $\tilde{x}$ も $C^2(-\infty, \infty)$ となり，(41.6) を満たす．((41.7) に注意)，すなわち，(41.6) の自明でない周期解となっている．

さて，X の任意の元 x を

$$x=x_0+x_m$$

と分解する．ここで，

$$x_m=2\int_0^{\frac{1}{2}}x(s)\,ds;\qquad x_0=x-2\int_0^{\frac{1}{2}}x(s)\,ds.$$

上の分解によって，(41.6) は，

$$(41.8)\qquad f_1(\lambda, x_0, x_m)\equiv x_0''+\left(\frac{2\pi}{\lambda}\right)^2\Big[Ax_0+g\Big(x_0+x_m, \frac{\lambda}{2\pi}x_0'\Big)-2\int_0^{\frac{1}{2}}g\Big(x_0+x_m, \frac{\lambda}{2\pi}x_0'\Big)ds\Big]=0,$$

$$(41.9)\qquad f_2(\lambda, x_0, x_m)\equiv Ax_m+2\int_0^{\frac{1}{2}}g\Big(x_0+x_m, \frac{\lambda}{2\pi}x_0'\Big)ds=0$$

の X に属する解の存在と同値である．

$$\frac{\partial}{\partial x_m}f_2(\lambda, 0, 0)=A$$

であって A は可逆であるから，陰関数の定理(定理 35.1)より，正数 δ と $\|x_0\|+|\lambda-\lambda_j|<\delta$ で定義された定ベクトル C を適当にとれば，

$$f_2(\lambda, x_0, C(\lambda, x_0))=0, \qquad C(\lambda_j, 0)=0,$$

$(\|x_0\|+|\lambda-\lambda_0|<\delta)$．$x_m=C(\lambda, x_0)$ を (41.8) に代入すれば，

$$x_0''+4\pi^2\lambda^{-2}[Ax_0+N(x_0(s), \lambda)]=0. \tag{41.10}$$

ここで，

$$N(x_0(s), \lambda)=g\left(x_0+C(\lambda, x_0), \frac{\lambda}{2\pi}x_0'\right)$$

$$-2\int_0^{\frac{1}{2}}g\left((x_0+C(\lambda, x_0), \frac{\lambda}{2\pi}x_0'\right)ds.$$

(41.10) を境界条件

$$x'(0)=x'\left(\frac{1}{2}\right)=0, \qquad \int_0^{\frac{1}{2}}x(s)ds=0$$

を満たす x'' のグリーン関数 $k(s, s')$ を用いて積分方程式に変換する．いい換えると，

$$k(s, s')=s^2+s'^2-\max(s, s')$$

を(41.10)に掛けて((41.10)の方程式の変数を s' と考えて)，s' に関して区間 $[0, 1/2]$ 上積分すれば，

$$f(\lambda, x_0)\equiv x_0(s)-\left(\frac{2\pi}{\lambda}\right)^2\int_0^{\frac{1}{2}}k(s, s')\{Ax_0(s')+N(x_0(s'), \lambda)\}ds' =0. \tag{41.11}$$

これを，X の部分空間 X_0:

$$X_0=\{x\in X;\ \int_0^{\frac{1}{2}}x(s)ds=0\}$$

の中の方程式とみなして，$(\lambda, x_0)=(\lambda_j, 0)$ の近傍での非自明解の存在を示す．

定理 38.1 の仮定 1～4 を確かめよう．仮定 1 は明らか．特に，

$$f_{\lambda x}(\lambda_j, 0)y=\frac{8\pi^2}{\lambda_j^3}\int_0^{\frac{1}{2}}k(s, s')Ay(s')ds'. \tag{41.12}$$

$$f_x(\lambda_j, 0)y=y(s)-\left(\frac{2\pi}{\lambda_j}\right)^2\int_0^{\frac{1}{2}}k(s, s')Ay(s')ds'. \tag{41.13}$$

$\mathrm{Ker}(f_x(\lambda_j,0))$と$R(f_x(\lambda_j,0))$を定めよう．そのために，次の常微分方程式論の基本的事実を必要とする（草野［31］，定理2.4）．

補題 41.2. μを実数，hをX_0の元とする．このとき，境界値問題：

$$z''+(2\pi\mu)^2z=h;\qquad z'(0)=z'\left(\frac{1}{2}\right)=0 \tag{41.14}$$

を考える．

（i）もしμが正の整数でなければ（41.14）はX_0にただひとつ解をもつ．

（ii）もしμが正の整数ならば，

$$\int_0^{\frac{1}{2}}\cos 2\pi\mu s\cdot h(s)ds=0 \tag{41.15}$$

のときのみ解をもち，そのひとつの解をz_0とすれば，任意の解は，

$$z_0(s)+\alpha\cos 2\pi\mu s\qquad (\alpha\text{：定数}) \tag{41.16}$$

で表される．

もし$y\in\mathrm{Ker}(f_x(\lambda_j,0))$ならば，（41.13）より

$$y''+\left(\frac{2\pi}{\lambda_j}\right)^2Ay=0;\qquad y'(0)=y'\left(\frac{1}{2}\right)=0.$$

Aは対角行列であったから，補題41.2（i）と（41.4）より，ベクトルyのj成分以外は，すべてゼロ．yのj成分は，（41.16）より，（$z_0\equiv 0$に注意して）$\alpha\cos 2\pi s$となる．αは定数．よって

$y=\alpha\cos 2\pi s\cdot e_j$　（e_jは，j成分が1，そのほかはゼロなるNベクトル）．

逆も成り立つことは明らか．よって，

$$\mathrm{Ker}(f_x(\lambda_j,0))=\{\alpha\cos 2\pi s\cdot e_j:\alpha\in R^1\}. \tag{41.17}$$

次に，$R(f_x(\lambda_j,0))$を決める．$h\in R(f_x(\lambda_j,0))$とすると，

$$y(s)-\left(\frac{2\pi}{\lambda_j}\right)^2\int_0^{\frac{1}{2}}k(s,s')Ay(s')ds'=h(s) \tag{41.18}$$

となる$y\in X_0$が存在する．

$$x(s)=-\int_0^{\frac{1}{2}}k(s,s')\,y(s')ds'$$

とおくと，$x\in X_0$であって，$x''=y$．故に，（41.18）より，xは

$$x''+\left(\frac{2\pi}{\lambda_j}\right)^2 Ax=h$$

の X_0 における解である．A は (41.4) を満たす対角行列より，また補題 41.2 より，つねに解をもつ．h の j 成分 h_j は $\mu=1$ とした条件 (41.15) を満たさねばならない．逆も成り立つから，

$$(41.19)\qquad R(f_x(\lambda_j,0))=\{h\in X_0;\ \int_0^{\frac{1}{2}}\cos 2\pi s\cdot h_j(s)ds=0\}.$$

以上より，仮定 2〜3 の成立がわかる．(41.12), (41.17) より，

$$\begin{aligned} f_{\lambda x}(\lambda_j,0)x_0 &= \frac{8\pi^2}{\lambda_j^3}\int_0^{\frac{1}{2}}k(s,s')\cos 2\pi s'ds'\cdot Ae_j \\ &= 2\lambda_j^{-1}x_0 \end{aligned}$$

$(x_0=\cos 2\pi s\cdot e_j)$; $f_x(\lambda_j,0)x_0=0$ に注意).

故に，$f_{\lambda x}(\lambda_j,0)x_0$ の j 成分は，$2\lambda_j^{-1}\cos 2\pi s$．よって，(41.19) より，

$$f_{\lambda x}(\lambda_j,0)x_0\notin R(f_x(\lambda_j,0)).$$

仮定 4 が成立．よって，定理 38.1 より，(41.10) は X_0 の中に自明でない解をもつ．すなわち，ある正数 ε_0，区間 $[-\varepsilon_0,\varepsilon_0]$ 上の C^1–関数 $\lambda_j=\lambda_j(\varepsilon)$，$[-\varepsilon_0,\varepsilon_0]$ 上で定義され $Z=R(f_x(\lambda_j,0))$ に値をもつ C^1–関数 $z=z(\cdot,\varepsilon)$ を適当にとれば $\lambda_j(0)=\lambda_j$，$z(\cdot,0)=0$ であって，

$$\lambda=\lambda_j(\varepsilon),\qquad x_0=\varepsilon\cos 2\pi s+\varepsilon z(s,\varepsilon),\qquad |\varepsilon|\leqq\varepsilon_0$$

が (41.11) を満たすようにできる．これに対して，

$$\begin{aligned} x_m &= C(\lambda_j(\varepsilon),\ x_0(\cdot,\varepsilon)); \\ x &= x_0+x_m \end{aligned}$$

とおくと，これが (41.6) の自明でない解である．変数をもとにもどせば，(41.1) の周期 $2\pi\lambda_j(\varepsilon)^{-1}$ をもつ自明でない周期解を得る．　□

§42.　応用．楕円型方程式の境界値問題

D を R^3 の中のなめらかな境界をもつ有界領域とする．そこで境界値問題：

$$(42.1)\qquad \Delta u-\lambda u=u^3\qquad (D \text{ の中}),$$

$$(42.2)\qquad u=0\qquad (D \text{ の境界上})$$

の自明でない解の存在を考える．

$$X=H_0^1(D)\cap H^2(D);\qquad Y=L^2(D);$$

$$f(\lambda,u)=\Delta u-\lambda u-u^3$$

とおいて，定理 38.1 を適用する．ソボレフの埋蔵定理より，$f\colon R^1\times X\to Y$ は C^2-写像(解析的な写像となっている)であって，

$$f_u(\lambda,0)[v]=\Delta v-\lambda v.$$

分岐となる候補は，(ディリクレ (Dirichlet) 条件 (42.2) を満たす) Δ の固有値である．Δ の固有値 $\{\lambda_j\}_{j=0}^{\infty}$ は，

(i)　$\cdots\leqq\lambda_2\leqq\lambda_1<\lambda_0<0$,

(ii)　λ_0 は単純固有値

となることはよく知られている(ウラジミロフ [7]，p. 278)．λ_0 に対応する固有関数を ϕ とする．このとき，$\lambda=\lambda_0$ が分岐点であることを示そう．仮定 1 は上から明らか．仮定 2 は，上の (i)，(ii) から

$$\mathrm{Ker}(f_u(\lambda_0,0))=\{t\phi;\ t\in R^1\}.$$

リース・シャウダーの交代定理(黒田 [2]，定理 11.30)より，$h\in Y$ に対して

$$\Delta v-\lambda_0 v=h$$

が X の中に解をもつための必要かつ十分条件は，

$$\int_D h(x)\phi(x)\,dx=0. \tag{42.3}$$

よって，

$$R(f_u(\lambda_0,0))=\{h\in Y;\ h\text{ は (42.3) を満たす}\}.$$

これより，仮定 3 が確かめられる．

$$f_{u\lambda}(\lambda_0,0)\phi=-\lambda_0\phi$$

であるから，(42.3) を用いると

$$f_{u\lambda}(\lambda_0,0)\phi\notin R(f_u(\lambda_0,0)).$$

仮定 4 が満たされる．よって，λ_0 は分岐点である．正数 ε_0，$\lambda(0)=\lambda_0$ となる区間 $[-\varepsilon_0,\varepsilon_0]$ 上の C^1-関数 $\lambda(s)$ を適当にとれば，$\lambda=\lambda(s)$ に対応する (42.1)，(42.2) の解 u は，

$$u(\cdot,s)=s\phi(\cdot)+sz(\cdot,s).$$

ここで，$z(\cdot,s)$ は，

$$\int_D z(x, s)\phi(x)dx=0; \qquad z(\cdot, 0)=0$$

を満たす I 上で定義され X に値をもつ連続関数である．

$\lambda(s)$ の $s=0$ の近くでのふるまいをもう少し詳しくみてみよう． $\mu(s)=\lambda(s)-\lambda_0$ とおく

$$Au\equiv(\Delta-\lambda_0)u=\mu u+u^3.$$

これを s で微分すると，

$$Au_s=\mu_s u+\mu u_s+3u^2u_s;$$

$$Au_{ss}=\mu_{ss}u+2\mu_s u_s+\mu u_{ss}+6uu_s{}^2+3u^2u_{ss};$$

$$u_s=\phi+sz_s+z,$$

$$u_{ss}=sz_{ss}+2z_s.$$

$s=0$ とおくと，

$$Au_{ss}(\cdot, 0)=2\mu_s(0)\phi.$$

この両辺に，ϕ をかけて D 上で積分すると

$$(Au_{ss}(\cdot, 0), \phi(\cdot))_{L^2}=2\mu_s(0)(\phi(\cdot), \phi(\cdot))_{L^2}.$$

$A\phi=0$ であるから，

$$\text{上式の左辺}=(u_{ss}(\cdot, 0), A\phi(\cdot))_{L^2}=0.$$

$\phi\neq 0$ より，

$$\mu_s(0)=\lambda_s(0)=0.$$

同様にして，Au_{sss} を計算して，$s=0$ とおくと

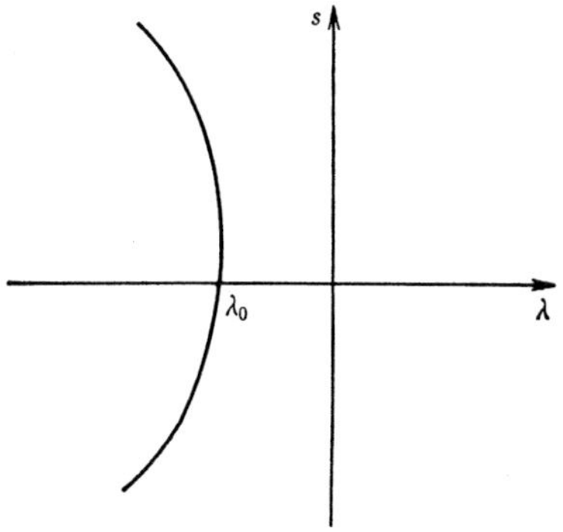

図14

$$Au_{sss}(\cdot,0)=3\mu_{ss}(0)\phi+6\phi^3.$$

これより,

$$(Au_{sss}(\cdot,0),\phi(\cdot))_{L^2}=3\mu_{ss}(0)(\phi,\phi)_{L^2}+6(\phi^3,\phi)_{L^2}$$

左辺=0 であるから,

$$\mu_{ss}(0)(\phi,\phi)_{L^2}=-2\int_D\phi(x)^4dx<0$$

となる. すなわち, $\lambda_{ss}(0)<0$. これを図示すると, 図 14 のようになる.

問 題 5

1. $f(x,\lambda)$ を $D(\subset X\times \boldsymbol{R}^1)$ から X への写像で,

$$f(x,\lambda)=x-(\mu_0+\lambda)Tx+g(x,\lambda)$$

の形をしているとする. ここで,

(i) $\mu_0\neq 0$, $(0,\mu_0)\in D$;

(ii) T は X から X への線型なコンパクト写像;

(iii) $g(x,\lambda)$ は D から X への連続なコンパクト写像で

$$g(0,\lambda)\equiv 0,\qquad g(x,\lambda)=o(\|x\|)\qquad (|\lambda|<\varepsilon \text{ に対して一様}).$$

このとき $\lambda=0$ が分岐点となるためには, $I-\mu_0T$ が可逆でないことが必要であることを示せ.

2. 問 1 において, $1/(\mu_0+\lambda)$ より大きい T のすべての固有値の多重度の和を $\beta(\lambda)$ とする. 十分小さい $\lambda_1>0$, $\lambda_2<0$ に対して,

$$\beta(\lambda_2)-\beta(\lambda_1)=\text{固有値 } \mu_0^{-1} \text{ の多重度}$$

を示せ.

3. (クラスノセルスキーの定理) 問 1 の仮定のほかに, $1/\mu_0$ は多重度が奇数の T の固有値とする. このとき, $\lambda=0$, $x=0$ は $f(x,\lambda)=0$ の分岐点である.
(ヒント: 分岐点でないとすれば, $\deg(f(\cdot,\lambda),0,B(0,\varepsilon))$ が定義でき, (十分小さい) λ に対し定数. また, $\lambda_1>0$ と $\lambda_2<0$ に対して, $\deg(f(\cdot,\lambda_1),0,B(0,\varepsilon))$, $\deg(f(\cdot,\lambda_2),0,B(0,\varepsilon))$ をルレイ・シャウダーの定理を用いて計算せよ).

4. $1/\mu_0$ が多重度が偶数の固有値の場合, 上のクラスノセルスキーの定理は成立しないことを, 次の例で考えよ.

$$X=R^2,\qquad \mu_0=1,\qquad T=I(\text{恒等写像}),\qquad g\begin{bmatrix}x_1\\x_2\end{bmatrix}=\begin{bmatrix}-x_2{}^3\\x_1{}^3\end{bmatrix}$$

5. D をなめらかな境界をもつ $\boldsymbol{R}^n$ の領域とする.

$$\begin{cases} f(u,\lambda)=\Delta u-\lambda g(u)=0 & (D\text{ の中})\\ \dfrac{\partial u}{\partial n}=\alpha u & (D\text{ の境界上})\end{cases}$$

を考える. ここで, $\partial/\partial n$ は外法線方向の微分, α は定数, g は, $g(0)=0, g'(0)\neq 0$ なる

C^1- 級関数である．$\lambda=\lambda_0$ を，固有値問題：

$$\begin{cases} \Delta u-\lambda g'(0)u=0 & (D\text{ の中}) \\ \dfrac{\partial u}{\partial n}=\alpha u & (D\text{ の境界上}) \end{cases}$$

の単純固有値とする．$(0, \lambda_0)$ は $f(u, \lambda)=0$ の分岐点であることを示せ．

第 6 章

KdV 方程式と発展方程式

§ 43.　KdV 方程式

1895 年，コルテヴェーグ(Korteweg)とドゥ・フリース(de Vries)は，浅い水の波を記述する方程式を提案した．この方程式を，コルテヴェーグ・ドゥ・フリース方程式，あるいは簡単に KdV 方程式という．平均の水の深さが h の運河に，速さ c_0 で伝わる長い波長の水面波を考える．この波による水面の高まり，すなわち(波のないときから測った)波高を η とすると，KdV 方程式は

$$\text{(43.1)}\qquad \frac{\partial\eta}{\partial t}+\frac{3}{2}\frac{c_0}{h}\eta\frac{\partial\eta}{\partial\xi}+\frac{c_0h^2}{6}\frac{\partial^3\eta}{\partial\xi^3}=0,\qquad -\infty<\xi<\infty$$

となる．

$$u(x,t)=\left(\frac{3c_0^2}{32h^5}\right)^{1/3}\eta\left(\left(\frac{c_0h^2}{6}\right)^{1/3}x,t\right)$$

と変数変換すれば，(43.1) は，

$$\text{(43.2)}\qquad u_t+6uu_x+u_{xxx}=0,\qquad -\infty<x<\infty.$$

この方程式は 1965 年頃再び電磁場の気体プラズマの研究との関連でとり上げられ，高速計算機の利用とあいまってザブスキー (Zabusky)，クルスカル (Kruskal)，ミウラ(Miura)らによって多くの著しい性質が発見された．

43.1.　孤立波

形を変えないで伝播する波(定常波)すなわち，

$$\text{(43.3)}\qquad u(x,t)=v(x-ct)$$

なる形の解をみつけよう．c は波の伝播する速さである．(43.3) を (43.2) に

代入すれば，

$$(v_{yy}+3v^2-cv)_y=0 \qquad (y=x-ct)$$

を満たす．よって，

$$v_{yy}+3v^2-cv=\text{定数} \qquad (\equiv D)$$

この両辺に，v_y をかけて積分すれば，

$$\left(\frac{1}{2}v_y{}^2+v^3-\frac{c}{2}v^2-Dv\right)_y=0.$$

よって，

$$\frac{1}{2}v_y{}^2+v^3-\frac{c}{2}v^2-Dv=\text{定数} \qquad (\equiv E). \tag{43.4}$$

これを解けばよい．最も簡単な場合

$$D=0; \qquad E=0$$

の場合を考えてみよう．このとき，(43.4)は簡単に積分できる．このとき(43.4)は

$$v_y=v\sqrt{c-2v}$$

であるから，不定積分

$$\int\frac{ds}{s\sqrt{c-2s}}=\frac{1}{\sqrt{c}}\log\frac{\sqrt{c}-\sqrt{c-2s}}{\sqrt{c}+\sqrt{c-2s}}$$

を利用すれば，δ を積分定数として，

$$\sqrt{c}-\sqrt{c-2v}=(\sqrt{c}+\sqrt{c-2v})\exp(\sqrt{c}\,(y-\delta)).$$

これを v について解くと，

$$v=\frac{c}{2}\mathrm{sech}^2\left\{\frac{\sqrt{c}}{2}(y-\delta)\right\}.$$

すなわち，

$$u(x,t)=2\kappa^2\mathrm{sech}^2\kappa(x-ct-\delta). \tag{43.5}$$

ここで，$c=4\kappa^2$．波高 $2\kappa^2$ の孤立波は，波速 $4\kappa^2$ で進む．時刻 t における波の中心は $x=ct+\delta$，波高 $2\kappa^2$ の 10^{-4} となる点は，この中心から約 $3.5/\kappa$ 以上の距離のところであるから，κ が大きいとき波は $x=ct+\delta$ に集中している．

43.2. ソリトン

(43.5) を

$$u(x,t)=2\frac{\partial^2}{\partial x^2}\log\{1+e^{2\kappa(x-ct-\delta)}\}$$

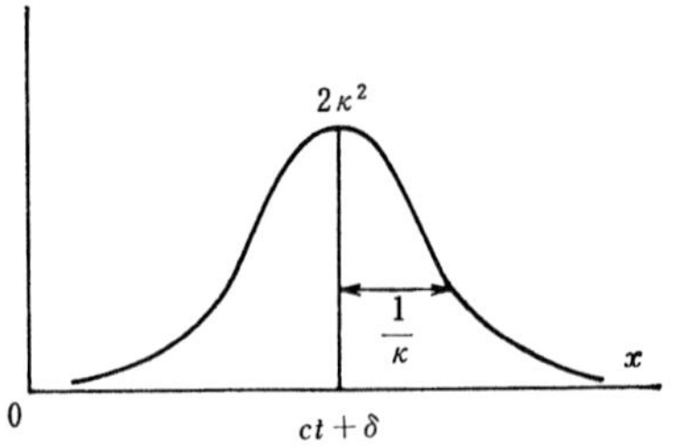

図 15

とかいてみる．この形より，

$$u(x,t)=2\frac{\partial^2}{\partial x^2}\log\psi(x,t)$$

の形の解をみつける．天下り式に特に $0<\kappa_1<\kappa_2$ に対して，

$$\psi(x,t)=1+\frac{1}{2\kappa_1}\exp(2\omega_1)+\frac{1}{2\kappa_2}\exp(2\omega_2)+\left(\frac{\kappa_2-\kappa_1}{\kappa_2+\kappa_1}\right)^2\frac{1}{4\kappa_1\kappa_2}\exp(2(\omega_1+\omega_2)) \tag{43.6}$$

ととると，別の解を得る．ただし，

$$\omega_j=\kappa_j x-4\kappa_j{}^3t-\kappa_j\delta_j \qquad (j=1,2).$$

〔(§43.4　N-ソリトン)をみよ〕．または，(43.6) は

$$\psi(x,t)=\det B(x,t) \tag{43.7}$$

ともかかれる．ここで，行列 B は，

$$B(x,t)=\begin{bmatrix}1+\frac{1}{2\kappa_1}\exp(2\omega_1) & \frac{1}{\kappa_1+\kappa_2}\exp(\omega_1+\omega_2)\\ \frac{1}{\kappa_1+\kappa_2}\exp(\omega_1+\omega_2) & 1+\frac{1}{2\kappa_2}\exp(2\omega_2)\end{bmatrix}.$$

この解の $t\to\infty$ に対する漸近形を調べよう．中心 $4\kappa_1{}^2t+\delta_1$，速さ $4\kappa_1{}^2$ で動く座標系で考える．中心からの有限な距離 y に対して，

$$x=y+4\kappa_1{}^2t+\delta_1$$

である．$t\to\infty$ のとき，

$$\omega_1=\kappa_1 y;$$

$$\omega_2=\kappa_2[y-4(\kappa_2{}^2-\kappa_1{}^2)t-\delta_2+\delta_1]\to-\infty$$

であるから，(y は有限のとき) $t\to\infty$ に対して，

$$\psi(x,t)=\psi(y+4\kappa_1{}^2t+\delta_1,t)\to 1+\frac{1}{2\kappa_1}e^{2\kappa_1 y}.$$

x の微分，すなわち y の微分に対しても同様の式が得られる：

$$\frac{\partial^j}{\partial x^j}\psi(x,t)\to(2\kappa_1)^{j-1}e^{2\kappa_1 y}\qquad (j=1,2,\cdots).$$

よって，

$$u(x,t)\simeq 2\kappa_1{}^2\mathrm{sech}^2\kappa_1(x-4\kappa_1{}^2t-x_{10}^+).$$

ここで，x_{10}^+ は，

$$\frac{1}{2\kappa_1}\exp(-2\kappa_1\delta_1)=\exp(-2\kappa_1 x_{10}^+)$$

で定められる．次に，中心 $x-4\kappa_2{}^2t-\delta_2$，速さ $4\kappa_2{}^2$ で動く座標系で考える．この中心からの有限な距離 y に対して

$$x=y+4\kappa_2{}^2t+\delta_2$$

である．これより，

$$x-4\kappa_1{}^2t-\delta_1=y+4(\kappa_2{}^2-\kappa_1{}^2)t+\delta_2-\delta_1\to\infty.$$

よって，前と同様にして

$$\frac{\psi_x(x,t)}{\psi(x,t)}\to 2\frac{\kappa_1+\alpha A_2(\kappa_1+\kappa_2)e^{2\omega_2}}{1+\alpha A_2e^{2\omega_2}}$$

$$\frac{\psi_{xx}(x,t)}{\psi(x,t)}\to 4\frac{\kappa_1{}^2+\alpha A_2(\kappa_1+\kappa_2)^2e^{2\omega_2}}{1+\alpha A_2e^{2\omega_2}}.$$

ここで，

$$A_2=\frac{1}{2\kappa_2},\qquad \alpha=\left(\frac{\kappa_1-\kappa_2}{\kappa_1+\kappa_2}\right)^2.$$

これより，

$$u(x,t)\simeq 2\kappa_2{}^2\mathrm{sech}^2\kappa_2(x-4\kappa_2{}^2t-x_{20}^+).$$

ただし，x_{20}^+ は

$$\alpha A_2e^{-2\kappa_2\delta_2}=\exp(-2\kappa_2 x_{20}^+).$$

このようにして，$t\to\infty$ では

$$u(x,t)\simeq\sum_{i=1}^{2}2\kappa_i{}^2\,\mathrm{sech}^2\kappa_i(x-4\kappa_i{}^2t-x_{i0}^+).$$

同様にして，$t\to-\infty$ では，

$$u(x,t)\simeq\sum_{i=1}^{2}2\kappa_i{}^2\,\mathrm{sech}^2\kappa_i(x-4\kappa_i{}^2t-x_{i0}^-).$$

ただし，x_{i0}^{-} は，

$$\alpha A_1\exp(-2\kappa_1\delta_1)=\exp(-2\kappa_1 x_{10}^{-});$$
$$A_2\exp(-2\kappa_2\delta_2)=\exp(-2\kappa_2 x_{20}^{-}).$$

これは，次のことを意味する．$\kappa_2>\kappa_1$ のとき，高さ $2\kappa_1{}^2$，$2\kappa_2{}^2$ のふたつの孤立波が，それぞれ速度 $4\kappa_1{}^2$, $4\kappa_2{}^2$ で右方に進み，高さ $2\kappa_2{}^2$ をもつ孤立波が高さ $2\kappa_1{}^2$ をもつ孤立波を追い越し，衝突中は波形は変形するが衝突後はもとの形に戻り伝播していくことを示している．図示すると，

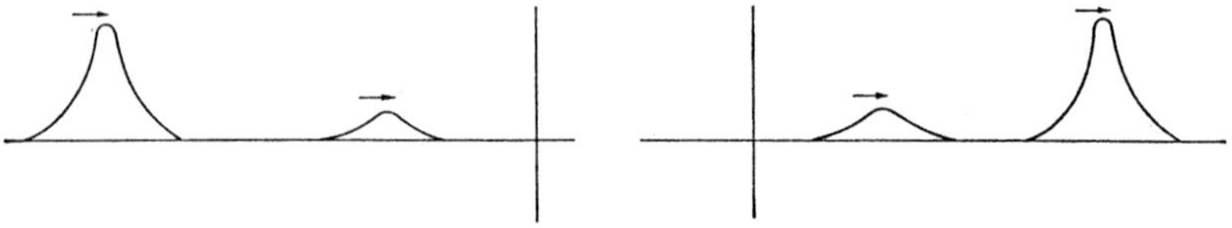

$t\ll 0$ のとき　　　　$t\gg 0$ のとき

図 16

このように，安定な孤立波をソリトンという．

43.3.　厳密解

(43.5) のごとく，(43.2) を積分し，その解の性質をみるということは，重要である．そのために，いわゆる逆散乱法という大変興味ある方法がある．本書では，これには触れず摂動法によって (43.2) の解の厳密解を考察しよう．

(43.8)　$$u=-2v_x$$

と v を導入すると，この v は

(43.9)　$$v_t+v_{xxx}=6v_x{}^2$$

を満たすようにできる．この方程式が，パラメータ ε に依存する解 $v=v(x,t;\varepsilon)$ をもっているとしよう．ε について展開する：

(43.10)　$$v=\sum_{n=1}^{\infty}\varepsilon^n v^{(n)}.$$

これを (43.9) に代入し，ε の同じべきを比較すると，

(43.11)　$$v_t{}^{(n)}+v_{xxx}{}^{(n)}=6\sum_{j=1}^{n-1}v_x{}^{(j)}v_x{}^{(n-j)}\qquad ;n\geqq 2$$

(43.12)　$$v_t{}^{(1)}+v_{xxx}{}^{(1)}=0.$$

(43.11) の解として，

(43.13)　$$v^{(1)}(x,t)=\xi e^{-\xi x+\xi^3 t}\qquad (\equiv\xi e^{\varphi})$$

ととる．$\varphi=-\xi x+\xi^3 t$．このとき，

(43.14) $$v^{(n)}(x,t)=\xi(-1)^{n-1}e^{n\varphi}$$

を満たすように $v^{(n)}$ がとれる．実際，$n=1$ のときは成立．$n-1$ までとれたとし，これを (43.11) の右辺に代入すれば，

$$v_t{}^{(n)}+v_{xxx}{}^{(n)}=(-1)^n\xi^4 e^{n\varphi}n(n^2-1).$$

他方 n のときの (43.14) の右辺は，上式を満たす．かくして，すべての n に対して (43.14) は正しい．

故に

$$v(x,t)=\sum_1^\infty \varepsilon^n v^{(n)}=\varepsilon\xi e^\varphi\frac{1}{1+\varepsilon e^\varphi}=-\frac{\partial}{\partial x}\log(1+\varepsilon e^\varphi).$$

したがって，(43.8) より

$$u(x,t)=2\frac{\partial^2}{\partial x^2}\log(1+\varepsilon e^\varphi).$$

特に，$\varepsilon=1$ とすれば，前に求めた孤立波を得る．次に $v^{(1)}$ として，

$$v^{(1)}=\int e^{\varphi(\xi)}d\mu(\xi) \qquad (\xi\in C)$$

ととる．$\varphi(\xi)=-\xi x+\xi^3 t$，$\mu(\xi)$ は測度．このとき，$v^{(n)}$ として，

(43.15) $$v^{(n)}(x,t)=\int\cdots\int\phi^{(n)}(\xi_1,\xi_2,\cdots,\xi_n)\exp(\varphi(\xi_1)+\cdots+\varphi(\xi_n))d\mu(\xi_1)\cdots d\mu(\xi_n)$$

ととれる．ここで，

(43.16) $$\begin{cases}\phi^{(n)}(\xi_1,\cdots,\xi_n)=\dfrac{(-1)^{n-1}2^{n-1}}{(\xi_1+\xi_2)\cdots(\xi_{n-1}+\xi_n)}, & n>1\\ \phi^{(1)}(\xi)=1\end{cases}$$

この関係式は後で示す．このとき，この $v^{(n)}$ を用いて v が構成される．

$$Q(\xi)=\exp\left(-\frac{1}{2}\xi x+\frac{1}{2}\xi^3 t\right);$$

$$P(\xi,\eta)=\frac{2}{\xi+\eta}\exp\left(-\frac{1}{2}\xi x+\frac{1}{2}\xi^3 t-\frac{1}{2}\eta x+\frac{1}{2}\eta^3 t\right)$$

とおくと，

$$v^{(n)}(x,t)=(-1)^{n-1}\int\cdots\int Q(\xi_1)P(\xi_1,\xi_2)\cdots P(\xi_{n-1},\xi_n)Q(\xi_n)d\mu(\xi_1)\cdots d\mu(\xi_n)$$

とかき表されるから，形式的には，

(43. 17)
$$v(x,t)=\sum_1^{\infty}\varepsilon^n(-1)^{n-1}\int\cdots\int Q(\xi_1)P(\xi_1,\xi_2)\cdots P(\xi_{n-1},\xi_n)Q(\xi_n)d\mu(\xi_1)\cdots d\mu(\xi_n).$$

(43. 15)を示そう．$n-1$ まで成立を仮定する．これを(43. 11)に代入すれば，

$$\{\xi_1{}^3+\cdots+\xi_n{}^3-(\xi_1+\cdots+\xi_n)^3\}\phi^{(n)}$$
$$=3(-1)^n2^{n-1}\sum_{j=1}^{n-1}\frac{\xi_1+\cdots+\xi_j}{(\xi_1+\xi_2)\cdots(\xi_{j-1}+\xi_j)}\cdot\frac{\xi_{j+1}+\cdots+\xi_n}{(\xi_{j+1}+\xi_{j+2})\cdots(\xi_{n-1}+\xi_n)}$$
$$(\xi_0\equiv 0).$$

よって，(43. 15) を示すには，

$$(\xi_1+\cdots+\xi_n)^3-(\xi_1{}^3+\cdots+\xi_n{}^3)$$
$$=3\sum_{j=1}^{n-1}(\xi_1+\cdots+\xi_j)(\xi_j+\xi_{j+1})(\xi_{j+1}+\cdots+\xi_n)$$

を示せばよい．実際，

$$\text{右辺}=6\sum_{k>l>m}\xi_k\xi_l\xi_m+3\sum_{k\neq l}\xi_k{}^2\xi_l=\text{左辺}.$$

43. 4.　N-ソリトン

(43. 15) の測度 μ が，

$$\xi=\kappa_1,\kappa_2,\cdots,\kappa_N\qquad(\kappa_j>0)$$

に質量1の質量をもつデルタ関数とする：

$$\mu(\xi)=\sum_{j=1}^{N}\delta(\xi-\kappa_j).$$

このとき，

$$Q(i)=Q(\kappa_j);\qquad P(i,j)=P(\kappa_i,\kappa_j)$$

とおくと，

$$P(i,j)=2\frac{Q(i)Q(j)}{\kappa_i+\kappa_j}$$

であるから，(43. 17) は，

(43. 18)
$$v=\sum_1^{\infty}\varepsilon^n(-1)^{n-1}Q(i_1)P(i_1,i_2)\cdots P(i_{n-1},i_n)Q(i_n)$$

と表される．各 i_m は，$1,\cdots,N$ にわたって和をとる．さて，$N\times N$ 行列 $P=(P(i,j))$，N-ベクトル $Q=(Q(i))$ を導入すると，(43. 18) は，

$$v=\sum_1^\infty \varepsilon^n(-1)^{n-1}\,{}^tQP^{n-1}Q$$

とかかれる(${}^tQ$ は列ベクトル Q の転置ベクトル).

よって,

$$v=\varepsilon\,{}^tQ\sum_1^\infty\varepsilon^{n-1}(-1)^{n-1}P^{n-1}Q$$
$$=\varepsilon\,{}^tQ\frac{1}{I+\varepsilon P}Q.$$

他方, 行列 $A=(a_{ij})$ に対して

$${}^tQAQ=\sum Q(i)a_{ij}Q(j)=\sum a_{ij}Q(j)Q(i)$$
$$=\mathrm{Trace}\,AR$$

である. R は $Q(i)Q(j)$ をその (i,j) 成分としてもつ $N\times N$ 行列. よって,

$$v=\varepsilon\mathrm{Trace}\{(I+\varepsilon P)^{-1}R\}.$$

他方, 簡単な計算より,

$$\frac{\partial}{\partial x}P(i,j)=-Q(i)Q(j)$$

であるから,

$$R=-\frac{\partial}{\partial x}P.$$

よって,

$$v=\varepsilon\mathrm{Trace}\{-(I+\varepsilon P)^{-1}\partial P/\partial x\} \tag{43.19}$$
$$=-\frac{\partial}{\partial x}\mathrm{Trace}\{\log(I+\varepsilon P)\}.$$

任意の行列 A に対して,

$$\mathrm{Trace}\log A=\log\det A$$

であるから(ジョルダン標準形で確かめよ), (43.19) は,

$$v=-\frac{\partial}{\partial x}\log\det(I+\varepsilon P).$$

故に,

$$u=2\frac{\partial^2}{\partial x^2}\log\det(I+\varepsilon P).$$

特に, $\varepsilon=1$, $N=2$ の場合は, (43.7) と一致する.

43.5.　連続な場合

(43.15) の測度 μ が虚軸にのみ台をもっているとしよう．このとき，

$$B_t(x)=\int_{-\infty i}^{+\infty i}\exp(-\xi x+\xi^3 t)\,d\mu(\xi) \tag{43.20}$$

とおく(下の添字 t は微分を意味しない．混乱がないであろう)．このとき，

$$\int_x^\infty B_t(z)\,dz=\int_{-\infty i}^{+\infty i}\frac{1}{\xi}\exp(-\xi x+\xi^3 t)\,d\mu(\xi)$$

であるから，(43.17) より，

$$v=\sum_1^\infty \varepsilon^n(-1)^{n-1}\int_x^\infty\cdots\int_x^\infty B_t(x,z_1)\cdots B_t(z_{n-1},x)\,dz_1\cdots dz_{n-1}. \tag{43.21}$$

ただし，

$$B_t(x,y)=B_t\left(\frac{x+y}{2}\right).$$

(43.21) を計算しやすい形にしよう．

$$(\hat{B}_t f)(x,y)=\int_x^\infty f(x,z)B_t(z,y)\,dz$$

および，

$$K_t(x,y)=\sum_1^\infty \varepsilon^n(-1)^{n-1}(\hat{B}_t{}^{n-1}B_t)(x,y) \tag{43.22}$$

とおくと，(43.21) は，

$$v(x,t)=K_t(x,x)$$

と表される．よって，

$$u(x,t)=-2\frac{\partial}{\partial x}[K_t(x,x)].$$

(43.22) の右辺は

$$\varepsilon(I+\varepsilon\hat{B}_t)^{-1}B_t.$$

よって，(43.22) の両辺に $(I+\varepsilon\hat{B}_t)$ を作用させると，

$$K_t(x,y)+\varepsilon\int_x^\infty K_t(x,z)B_t(z,y)\,dz=\varepsilon B_t(x,y) \tag{43.23}$$

を得る．これを，**マルチェンコ(Marcenko)の積分方程式**という．

(43.20) により，$B_t(x)$ が与えられ，この B_t に対し，線型積分方程式(43.22)を解くことにより，原則的には厳密解が得られる．

43.6. 保存則

KdV 方程式 (43.2) は，可算個の保存則をもっている．保存則とは，

$$\frac{\partial}{\partial t}T(u, u_x, \cdots)+\frac{\partial}{\partial x}X(u, u_x, \cdots)=0$$

なる方程式を意味する．ここで，T, X は u および u の(有限の階数の)微分に依存する関数である．たとえば，

(43.24) $$u_t+(3u^2+u_{xx})_x=0;$$

(43.25) $$(u^2)_t+(4u^3+2uu_{xx}-u_x^2)_x=0;$$

(43.26) $$\left(u^3-\frac{1}{2}u_x^2\right)_t+\left(\frac{9}{2}u^4+3u^2u_{xx}-6uu_x^2-u_xu_{xxx}+\frac{1}{2}u_{xx}^2\right)_x=0.$$

上の式は直接計算によって確かめられる．これらの保存則を見出すことは大切である．形式的ながら(これで十分である!!)見つけだす手順を与えておこう．

u を (43.2) の解とする．パラメータ ε を導入して

$$u=-v-\varepsilon v_x-\varepsilon^2v^2$$

によって v を(形式的に)定める．この $v=v(x, t; \varepsilon)$ を ε について形式的べき級数に展開する：

(43.27) $$\begin{aligned} v(x, t; \varepsilon)&=v_0+\varepsilon v_1+\varepsilon^2v_2+\cdots \\ &=-u+\varepsilon u_x-\varepsilon^2(u^2+u_{xx})+\cdots \end{aligned}$$

となる．u は (43.2) の解であるから，

$$\begin{aligned} 0&=u_t+6uu_x+u_{xxx} \\ &=-\left(1+\varepsilon\frac{\partial}{\partial x}+2\varepsilon^2v\right)[v_t-6(v+\varepsilon^2v^2)v_x+v_{xxx}]. \end{aligned}$$

他方，

$$w=v_t-6(v+\varepsilon^2v^2)v_x+v_{xxx}$$

とおくと

$$\left(\exp\left(\frac{1}{\varepsilon}x+2\varepsilon\int_{-\infty}^{x}v(y)\,dy\right)w\right)_x=0.$$

これより，

$$\exp\left(\frac{1}{\varepsilon}x+2\varepsilon\int_{-\infty}^{x}v(y)\,dy\right)w=\text{定数}.$$

$x\to-\infty$ とすれば，この定数は（形式的ながら）ゼロとしてよい．よって，$w=0$. すなわち，

$$v_t-[3v^2+2\varepsilon^2v^3-v_{xx}]_x=0.$$

これに (43.27) を代入すると，

$$(v_0+\varepsilon v_1+\varepsilon^2v_2+\cdots)_t-\{3(v_0{}^2+2\varepsilon v_0v_1+\varepsilon^2(v_1{}^2+2v_0v_2)+\cdots)$$
$$+2\varepsilon^2(v_0{}^3+\cdots)-(v_0+\varepsilon v_1+\varepsilon^2v_2+\cdots)_{xx}\}_x=0.$$

ε の同じべきを等しいとおくと可算個の保存が得られる．たとえば，ε の零べきに対しては，

$$(v_0)_t-\{3v_0{}^2-(v_0)_{xx}\}_x=0.$$

$v_0=-u$ であるから，(43.24) を得る．ε の係数は，

$$u_t+6uu_x+u_{xxx}$$

となり，0 である．ε^2 の係数は，

$$(u^2+u_{xx})_t+\{5u_x{}^2+4u^3+8uu_{xx}+u_{xxxx}\}_x=0.$$

$u_{xxt}=(u_{xt})_x=-(6u_x{}^2+6uu_{xx}+u_{xxxx})_x$ を代入すれば，(43.25) を得る．ε^4 の係数から，(43.26) が同様のやり方で導かれる．

§44. 非線型発展方程式の初期値問題

発展方程式の初期値問題

(44.1) $$\frac{du}{dt}+A(u)=0, \qquad t>0,$$

(44.2) $$u|_{t=0}=\phi$$

を可分なヒルベルト空間 H の中で考える．ϕ は H の中の与えられた元である（$(\cdot,\cdot)$, $\|\ \|$ で H の内積，ノルムを表そう）．A の仮定を述べるために補助的空間を導入する．V, X をバナッハ空間とし，$V\times X$ 上に両線型連続汎関数 $<\cdot,\cdot>$ が存在するとしよう：

$$<v,\ v^*>, \qquad v\in V, \qquad v^*\in X.$$

仮定 1. V は H の中に稠密に埋蔵された（実）可分なバナッハ空間で，$V\subset H\subset X$ かつ

(44.3) $$\langle v,u\rangle=(v,u), \qquad v\in V, \qquad u\in H.$$

A は次の仮定を満たす．

仮定 2. A は H から X' への弱連続な写像で

(44.4) $$\langle v, A(v)\rangle \geqq -\beta(\|v\|^2), \qquad v\in V$$

ここで, $\beta=\beta(r)$, $r>0$, は r の単調増加な正関数である.

以上のもとに, (44.1), (44.2) をガレルキン(Galerkin)の方法によって解くことができる. 以下の応用範囲の広い定理は, 加藤敏夫による.

定理 44.1. $\phi\in H$ とする. 上記仮定のもとで, ある正数 T と関数空間

$$C_w([0,T);H)\cap C_w^1([0,T);X')$$

に属する元 u が存在して, 区間 $[0,T)$ 上 u は (44.1), (44.2) を満たす. そのうえ, 評価

(44.5) $$\|u(t)\|^2\leqq\rho(t) \qquad (0\leqq t\leqq T)$$

が成立. ここで $\rho=\rho(t)$ は $[0,T)$ 上定義された単調増加な関数で, ρ は β, $\|\phi\|$ のみに依存している.

注意 1. $u\in C_w([0,T);H)$ とは, u は区間 $[0,T)$ 上で定義され値を H にもち, $u=u(t)$ は t の関数とみて H の弱位相で連続. $u\in C_w^1([0,T);H)$ も同様.

注意 2. T と ρ は, 次の単独常微分方程式

(44.6) $$\frac{d\rho}{dt}=2\beta(\rho); \qquad \rho(0)=\|\phi\|^2$$

の最大解, すなわち,

(44.7) $$\int_{\|\phi\|^2}^{\rho(t)}\frac{ds}{\beta(s)}=2t$$

によって決定される.

証明 (第1段) Yをバナッハ空間 V の有限次元部分空間(次元をm)とし, P をヒルベルト空間 H から Y の上への直交射影とする. Y を H の部分空間とみて, H の内積を Y に入れる. $\{e_1,\cdots,e_m\}$ を Y の完全正規直交系とする. このとき, P は,

$$Pu=\sum_{j=1}^{m}(e_j,u)e_j \qquad (u\in H)$$

で与えられる. さて, この P を X' から Y への作用素に拡張しよう. すなわち,

(44.8) $$Pf=\sum_{j=1}^{m}\langle e_j,f\rangle e_j \qquad (f\in X').$$

定義より, 恒等式

(44.9)
$$\langle Pf, g\rangle=\langle Pg, f\rangle \qquad (f, g\in X)$$

は容易に確かめられる．この P を用いて，R^m の常微分方程式系

(44.10)
$$\frac{du}{dt}+P(A(u))=0, \qquad u(0)=P\phi$$

を Y の中で解く．$\{e_j\}$ を用いて，$u(t)=\sum_{j=1}^m \lambda_j(t)e_j$ と表し，成分 λ_j によってかき表すと，

(44.11)
$$\begin{cases}\lambda_j'(t)+f_j(\lambda_1(t), \cdots, \lambda_m(t))=0, & j=1, 2, \cdots, m\\ \lambda_j(0)=\langle e_j, \phi\rangle\end{cases}$$

ただし，

$$f_j(\lambda_1, \cdots, \lambda_m)=\langle e_j, A\sum_{i=1}^m \lambda_i e_i\rangle.$$

仮定より，$f_j(\lambda_1, \cdots, \lambda_m)$ は $\lambda=(\lambda_1, \cdots, \lambda_m)$ について連続となるから，ペアノの定理より (44.11)．よって (44.10) はある区間 $(0, T_0)$ において解 $u=\sum_{j=1}^m \lambda_j(t)e_j$ をもつ．T_0, u を評価しよう．簡単な計算より，

$$\begin{aligned}\frac{1}{2}\frac{d}{dt}\|u(t)\|^2&=(u(t), u'(t))=-\langle u, PA(u)\rangle\\ &=-\langle u(t), A(u)\rangle \quad ((44.9)\text{ より})\\ &\leqq\beta(\|u(t)\|^2) \quad ((44.4)\text{ より}).\end{aligned}$$

$\rho=\rho(t)$ は (44.6) の最大解(すなわち (44.7) によって与えられる関数)とすれば，

$$\int_{\|\phi\|^2}^{\|u(t)\|^2}\frac{ds}{\beta(s)}\leqq 2t=\int_{\|\phi\|^2}^{\rho(t)}\frac{ds}{\beta(s)}.$$

これより，$\|u(t)\|^2\leqq\rho(t)$．$\rho(t)$ が有限であるかぎり (44.10) の解 u は存在しつづけ，最大存在区間 $(0, T_0)$ は

$$T_0\geqq\frac{1}{2}\int_{\|\phi\|^2}^{\infty}\frac{ds}{\beta(s)} \qquad (\equiv T)$$

となる．T と ρ は Y のとり方によらないことに注意しよう．

(第2段)　$\{Y_j\}_{j=1}^\infty$ を，その合併 $\bigcup_{j=1}^\infty Y_j$ が V の中で稠密な，V の有限次元部分空間の単調増加な族とする；

$$Y_1\subset Y_2\subset\cdots$$

V は可分より，そのような $\{Y_j\}$ の存在は明らかである．P_j を第1段の P のごとき，H から Y_j の上への直交射影とする．このとき，

(44.12) $$P_j \to I, \qquad j\to\infty \qquad (H \text{ の強収束}).$$

実際，任意の $\varepsilon>0$ と $u\in H$ に対して，$\|u-u_\varepsilon\|<\varepsilon$ なる $u_\varepsilon\in\bigcup_{k=1}^{\infty}Y_k$ が存在する．すなわち，ある k に対して，$u_\varepsilon\in Y_k$. よって，十分大きい $j>k$ に対し，

$$\begin{aligned}\|P_ju-u\| &\leqq \|P_ju-P_ju_\varepsilon\|+\|P_ju_\varepsilon-u\|\\ &\leqq 2\|u-u_\varepsilon\|\leqq 2\varepsilon. \qquad (P_ju_\varepsilon=u_\varepsilon \text{ に注意}).\end{aligned}$$

これは (44.12) を示している．

さて，u_j を常微分方程式

$$\frac{du}{dt}+P_jA(u)=0, \qquad u(0)=P_j\phi$$

の(Y_j に値をもつ)解とする．第1段より，このような u_j は，区間 $(0,T)$ で存在して，

(44.13) $$\|u_j(t)\|^2\leqq\rho(t) \qquad (0\leqq t<T)$$

を満たす．T は j によらぬ正定数である．

E を $0\leqq t\leqq T$ を満たす有理数 t の全体とすると，E は可算で，$[0,T]$ の中稠密である．各 $t\in E$ に対し，(44.13) より $\{u_j(t)\}$ は有界であるから，$\{u_j(t)\}$ から弱収束する部分列がとりだせる．このことが可算集合の各 t に対していえるから，対角線論法により，$\{u_j(t)\}$ の部分集合を適当にとれば，各 $t\in E$ に対して弱収束するようにできる．この部分列をやはり，$\{u_j(t)\}$ で表す．$v\in Y_k$ を固定すると，$j>k$ に対して，

(44.14) $$\begin{aligned}\frac{d}{dt}(v,u_j(t)) &= -\langle v, P_jA(u_j(t))\rangle \qquad ((44.3)\text{ より})\\ &= -\langle v, A(u_j(t))\rangle \qquad ((44.9)\text{ より}).\end{aligned}$$

A は H から X への写像として弱連続であるから，有界集合を有界集合に写す．(44.13) より，任意の $T'(<T)$ に対して，$\{u_j(t)\}$ $(j=1,2,\cdots;0\leqq t\leqq T')$ は有界集合であるから $\{A(u_j(t))\}$ $(j=1,2,\cdots;\ 0\leqq t\leqq T')$ は X の中の有界集合．よって，(44.14) を積分すれば，

(44.15) $$(v,u_j(t))-(v,u_j(t'))=-\int_{t'}^{t}\langle v, A(u_j(s))\rangle ds.$$

よって，

$$(44.16)\qquad |(v, u_j(t))-(v, u_j(t'))|\leqq M|t-t'|,\qquad 0\leqq t, t'\leqq T'$$

$$(M; t, t' \text{ によらぬ定数}).$$

よって，関数列 $\{(v, u_j(t))\}$ は同程度連続．他方，E の各 t に対して，$\{(v, u_j(t))\}$ は収束するのであるから，$v\in\bigcup Y_j$ と $0\leqq t\leqq T'$ に対して，点列 $\{(v, u_j(t))\}$ は収束することが，(44.16) からわかる．さらに，各 t に対して $\{u_j(t)\}$ は H の中の有界列であり，$\bigcup Y_j$ は H の中で稠密であるから，$0\leqq t\leqq T'$ と $v\in H$ に対して，$\{(v, u_j(t))\}$ は収束；$\{u_j(t)\}$ は，各 t に対して (H における) 弱収束列である．その極限を $u(t)$ とすると，(44.13) より，$\|u(t)\|\leqq\underline{\lim}\|u_j(t)\|\leqq\rho(t)$．よって，$\|u(t)\|$ は区間 $[0, T']$ 上有界．(44.16)より，$j\to\infty$ とすると，

$$|(v, u(t))-(v, u(t'))|\leqq M|t-t'|.$$

$(v\in\bigcup Y_j)$．よって $(v, u(t))$ は t について連続．$\bigcup Y_j$ は H の中稠密であり，$\{\|u(t)\|\}$ は有界であるから，任意の $v\in H$ に対して $(v, u(t))$ は t について連続；

$$u\in C_w([0, T); H)\qquad (T' \text{ は任意より}).$$

各 t に対して，$u_j(t)\to u(t)$ (H の弱収束) であるから，$A(u_j(t))\to A(u(t))$ (X の中の弱収束) $u(t)$ は H の弱位相で連続であるから，$A(u(t))$ は t について X の弱位相で連続．(44.15) において，$j\to\infty$ とすれば，

$$(44.17)\qquad (v, u(t))-(v, u(t'))=-\int_{t'}^{t}\langle v, A(u(s))\rangle ds$$

$(v\in\bigcup Y_j)$：$\{A(u_j(t))\}$ $(j=1, 2, \cdots,\ 0\leqq t\leqq T')$ は有界であるから．$\{u(t)\}$ $(0\leqq t\leqq T')$ は H の中の有界集合であるから，$\{A(u(t))\}$ は X の中の有界集合．それ故に，(44.17) は V の任意の元 v に対して成立することがわかる ($\bigcup Y_j$ は V の中稠密に注意)．T' は任意であり，$A(u(t))$ は X の位相で弱連続より，

$$u\in C_w^1([0, T); X)$$

かつ

$$\frac{du}{dt}+A(u)=0.$$

$u_j(0)=P\phi$ であるから, $u(0)=P\phi$

以上より, 定理が示された.

§45. 応用. KdV 方程式の初期値問題

定理 44.1 の応用として KdV 方程式の初期値問題:

$$
(45.1)\qquad \begin{cases} u_t+6uu_x+u_{xxx}=0, & -\infty<x<\infty,\ t>0 \\ u|_{t=0}=\phi \end{cases}
$$

の解の存在を示す.

定理 45.1. $\phi\in H^4(R^1)$ とする. このとき, ある正数 T が存在して (45.1) の解は区間 $[0,T)$ で存在する. しかも, 次の関数空間の中でただひとつ:

$$
C_w([0,T);H^3(R^1))\cap C_w^1((0,T),L^2(R^1)).
$$

注意 $T=\infty$ ととることができるが, ここでは証明を与えない.

証明 定理 44.1 の中の V,H,X , A として,

$$
V=H^7(R^1);\qquad H=H^4(R^1);\qquad X=H^1(R^1);
$$

$$
A(u)=u_{xxx}+6uu_x
$$

ととればよい. 仮定 1 は明らか. 仮定 2 を確かめよう. ソボレフの不等式: $H^1(\boldsymbol{R}^1)\subset C(R^1)$ かつ

$$
(45.2)\qquad \|u\|_{L^\infty}\leqq M\|u\|_{H^1}
$$

より,

$$
(45.3)\qquad \|A(v)\|_X\leqq M(\|v\|_H+\|v\|_H^2),\qquad v\in H.
$$

$u_n\to u$ (H の弱位相で) なる H の中の列 $\{u_n\}$ を勝手にとる. ソボレフの埋蔵定理より, 任意の有界閉区間 K に対して,

$$
u_j\to u\qquad (C^3(K) \text{ の強位相で}).
$$

よって, 任意の $\zeta\in C_0^\infty(R^1)$ に対して,

$$
(A(u_j),\zeta)_X=-(\partial_x{}^3u_j+6u_j\partial_xu_j,\ \partial_x{}^2\zeta-\zeta)_{L^2}
$$

$$
\to-(\partial_x{}^3u+6u\partial_xu,\partial_x{}^2\zeta-\zeta)_{L^2}=(A(u),\zeta)_X
$$

これと (45.3) より, $C_0^\infty(R^1)$ は V の中稠密であるから,

$$
(A(u_j),\zeta)_X\to(A(u),\zeta)_X,\qquad \zeta\in V.
$$

すなわち, 写像 $A:H\to X$ は弱連続.

(44.4) を確かめよう．

$$-\langle v, A(v)\rangle = (\partial_x{}^7 v, \partial_x A(v))_{L^2} + (v, A(v))_{L^2}.$$

簡単な計算より，部分積分によって，

$$(v, A(v))_{L^2}=0;$$

$$(\partial_x{}^7 v, \partial_x{}^4 v)_{L^2} = -(\partial_x{}^6 v, \partial_x{}^5 v)_{L^2}=0.$$

故に，

$$\begin{aligned}\frac{1}{6}\langle v, A(v)\rangle &= (\partial_x{}^7 v, \partial_x(v\partial_x v))_{L^2}\\ &= -(\partial_x{}^4 v, \partial_x{}^4(v\partial_x v))_{L^2}\\ &= -\sum_{j=0}^{4}\binom{4}{j}(\partial_x{}^4 v, \partial_x{}^{4-j}v\partial_x{}^{j+1}v)_{L^2}\\ &= -\sum_{j=0}^{3}\binom{4}{j}(\partial_x{}^4 v, \partial_x{}^{4-j}v\partial_x{}^{j+1}v)_{L^2}\\ &\quad +\frac{1}{2}(\partial_x{}^4 v, \partial_x v\partial_x{}^4 v)_{L^2}.\end{aligned}$$

(45.2) より，

$$\|\partial_x{}^{4-j}v\partial_x{}^{j+1}v\|_{L^2} \leqq M\|v\|_H^2 \qquad (j=0, 1, 2, 3)$$

であるから，

$$\langle v, A(v)\rangle \geqq -M\|v\|_H^3.$$

これは (44.4) が

$$\beta(r)=Mr^{3/2}$$

において成立していることを示している．よって，定理 44.1 より，適当な正数 T をとれば，

$$u\in C_w([0, T); H)\cap C_w^1((0, T); X\ \ )$$

なる (45.1) の解の存在がわかる．

$$H\subset C^3(R^1);\ \ X\ \ \subset C(R^1)$$

で埋蔵作用素はコンパクトであるから，上に存在が示された解は，任意の有界開区間 K に対して，

$$u\in C([0, T);\ C^3(K))\cap C^1((0, T);\ C(K)).$$

(45.1) の古典解である．

一意性を示そう．u, v を解とし，$w=u-v$ とおく．$w_t=-w_{xxx}-6vw_x-6wu_x$

であるから

$$\frac{1}{2}\frac{d}{dt}\|w\|_{L^2}^2=(w_t, w)_{L^2}$$
$$=-(w_{xxx}+6vw_x+6wu_x, w)_{L^2}$$
$$=-6(wu_x, w)_{L^2}+3(v_x w, w)_{L^2}$$
$$\leqq 6\|u_x\|_{L^\infty}\|w\|_{L^2}^2+3\|v_x\|_{L^\infty}\|w\|_{L^2}^2.$$

これより，

$$\|w(\cdot,t)\|_{L^2}^2\leqq\|w(\cdot,0)\|_{L^2}^2\exp\left(3\int_0^t 2\|u_x(\cdot,t')\|_{L^\infty}+\|u_x(\cdot,t')\|_{L^\infty}dt'\right).$$

$w(\cdot,0)=0$ であるから，$w=0$ となる．　□

問　題　6

1.　バーガーズ(Burgers)方程式の初期値問題

$$\begin{cases} u_t-\mu u_{xx}+uu_x=0, & -\infty<x<\infty,\ t>0 \\ u|_{t=0}=e^{-\xi x+\xi^2 t} \end{cases}$$

の厳密解を本文にならって求めよ．μ は正定数，ξ は実のパラメータである．

2.　バーガーズ方程式の初期値問題

$$\begin{cases} u_t-\mu u_{xx}+uu_x=0, & -\infty<x<\infty,\ t>0 \\ u|_{t=0}=\phi \end{cases}$$

の解の存在を定理 45.1 にならって示せ．ϕ は $H^3(R^1)$ の任意の関数である．

3.　$u=u(x,t)$ を KdV 方程式

$$u_t+6uu_x+u_{xxx}=0, \qquad -\infty<x<\infty,\ t>0$$

の解とする．このとき，各 t に対し $u(x,t)$ をポテンシャルにもつシュレデンガー(Shcrödinger)方程式の固有値 λ: $-\phi_{xx}+u(x,t)\phi=\lambda\phi$ は t によらぬことを示せ(固有値 λ と正規化された固有関数 $\phi(\|\phi\|_L=1)$ は t になめらかに依存することを用いよ)．

4.　3次元非線型波動方程式の初期値問題

$$\begin{cases} u_{tt}-\Delta u+u^p=0, & x\in R^3,\ t>0 \\ u|_{t=0}=\phi, & u_t|_{t=0}=\psi \end{cases}$$

(p; 正整数)に対し，定理 44.1 を適用せよ．ただし $\phi\in H^2(R^3)$，$\psi\in H^1(R^3)$ である．

付　　　録

§A.　関数解析の基礎的事柄

A. 1.

原点を内点にもつバナッハ空間の中の凸集合 K に対して，K の**ミンコフスキー汎関数** $p(x)$ を次で定義する．$x \in X$ に対し，

$$p(x)=\inf_{\lambda} \lambda.$$

ただし，$\lambda^{-1}x \in K$ となるすべての $\lambda>0$ にわたって下限をとっている． この関数 $p(x)$ は次の性質をもつことが容易に確かめられる（高村 [1]，黒田 [2]）．

定理 A. 1.

a)　$0 \leqq p(x) < \infty$,

b)　$p(\lambda x)=\lambda p(x), \qquad \lambda>0$,

c)　$p(x+y) \leqq p(x)+p(y)$,

d)　$x \in K$　ならば　$p(x) \leqq 1$,

e)　x が K の内点 $\Longleftrightarrow p(x)<1$，$x$ が K の境界点 $\Longleftrightarrow p(x)=1$.

f)　$p(x)$ は連続である．

A. 2.

ハーン・バナッハの定理は，いくつかの形で述べられ，幾分制限的であるが本書では次の形で用いる（高村 [1]，黒田 [2]）．

定理 A. 2.　M, N をバナッハ空間の凸集合とする．M が少なくともひとつの内点をもち，N は M の内点を含まなければ，

$$\mathrm{Re} f(x) \leqq c \quad (\forall x \in M); \qquad \mathrm{Re} f(y) \geqq c \quad (\forall y \in N)$$

となる実数 c と X 上の線型連続汎関数 $f(\neq 0)$ が存在する．

この定理の系として，

定理 A. 3.　バナッハ空間 X の中の閉凸集合は，X の弱位相で閉じている（証明は，定理 A. 2 から容易に導かれる）．

定理 A. 4.　（マズーアの補題）$\{x_n\}$ を x に弱収束する X の点列とする．任意の正数 $\varepsilon>0$ に対して，正数 N と $\sum_{j=1}^{N} c_j=1$ となる非負数 c_j $(j=1,2,\cdots,N)$ が存在し

て,

$$\|x-\sum_{j=1}^{N} c_j x_j\|<\varepsilon$$

とできる.

証明 Nを勝手な正数 $\{c_j\}_{j=1}^N$ を $\sum_{j=1}^N c_j=1$ となる勝手な非負正数とするとき,

$$\sum_{j=1}^{N} c_j x_j$$

という形の点の全体の集合を K とすると, K は凸集合である. その閉包 $\bar{K}$ もやはり凸集合である(各自確かめよ). x は x_n の弱極限であるから, 定理 A.3 より, $x\in\bar{K}$. これは, 定理を示している. □

A. 3.

定理 A. 5. X_1, X_2 を $X_1\subset X_2$ であって, X_1 の位相が X_2 の位相より強いふたつのヒルベルト空間とする. もし $x_n, x\in X_1$ が X_1 の弱位相で $x_n\to x$ ならば, X_2 の弱位相で $x_n\to x$.

証明 任意の $y\in X_2$ に対し, $(x,y)_{X_2}$ は(xに関して) X_1 上の線型連続汎関数とみなせるから,

$$(x,y)_{X_2}=(x,z)_{X_1}$$

となる $z\in X_1$ が存在する. 故に,

$$(x-x_n,y)_{X_2}=(x-x_n,z)_{X_1}\to 0. \qquad \square$$

§B. ソボレフ空間

B. 1.

Ω を $\boldsymbol{R}^n$ の領域とする. $u\in C^m(\Omega)$であり, かつm階までのすべての偏導関数が $L^p(\Omega)$ に属するような u の全体を $C^{m,p}(\Omega)$ とかき, そのノルムを

$$\|u\|_{C^{m,p}}=(\sum_{|\alpha|\leq m}\|D^\alpha u\|_{L^p}^p)^{1/p} \qquad \left(D^\alpha=\frac{\partial^{|\alpha|}}{\partial x_1^{\alpha_1}\cdots\partial x_n^{\alpha_n}};\ \alpha=(\alpha_1,\cdots,\alpha_n)\right)$$

と定める. 上のノルムによる完備化を $W^{m,p}(\Omega)$ とかく. $C_0^\infty(\Omega)$ による上のノルムによる完備化を $W_0^{m,p}(\Omega)$ とかく. $u\in W^{m,p}(\Omega)$ とは$|\alpha|\leqq m$ なるすべての多重指数 α に対して, 一般化された導関数 u_α が存在し, かつ $u_\alpha\in L^p(\Omega)$ といってもよい. 特に, $p=2$ のとき, $W^{m,2}(\Omega)=H^m(\Omega)$, $W_0^{m,2}(\Omega)=H_0^m(\Omega)$ とかく. 上に定めた空間を**ソボレフ空間**という.

B. 2. ポアンカレの不等式

Ω を R^n の領域で, ある有限な a,b により

$$\Omega\subset\{x\in R^n|a<x_1<b\} \qquad (-\infty<a<b<+\infty)$$

を満たすとする. このとき, 次の関係(**ポアンカレの不等式**といわれる)が成立.

$$\|u\|_L^2\leqq\frac{1}{2}(b-a)^2\|\nabla u\|_L^2, \qquad u\in H_0^1(\Omega).$$

証明 極限操作をすればよいから, $u\in C_0^\infty(\Omega)$ に対して示せばよい. Ω の外において

0に延長すると，

$$u(x_1, x')=\int_a^{x_1} \frac{\partial}{\partial x_1}u(t, x')dt \qquad (x'=(x_2, \cdots, x_n)).$$

シュワルツの不等式より，

$$|u(x_1, x')|^2 \leqq (x_1-a)\int_a^{x_1}\left|\frac{\partial u}{\partial x_1}(t, x')\right|^2 dt.$$

この両辺を x_1, x' で積分すれば，

$$\|u\|_{L^2(s)}^2 \leqq \frac{1}{2}(b-a)^2\left\|\frac{\partial u}{\partial x_1}\right\|_{L^2}^2 \leqq \frac{1}{2}(b-a)^2\|\nabla u\|_{L^2}^2.$$

ただし，$S=\{x\in \boldsymbol{R}^n | a<x_1<b\}$．$u$ は Ω の外でゼロであったから，求める式を得る． □

B.3. ソボレフの補題

本文で頻繁にでてきた**ソボレフの補題**を幾分制限された形で述べよう（高村［1］，黒田［2］）．

定理 B.1. Ω を C^1-級の $\boldsymbol{R}^n$ の有界領域とする．r, p を正数，m, j を $0\leqq j\leqq m$ であって，

$$\frac{1}{p}>\frac{j}{n}+\frac{1}{r}-\frac{m}{n}$$

を満たす非負の整数とする．このとき，

$$W^{m,r}(\Omega)\subset W^{j,p}(\Omega).$$

埋蔵作用素はコンパクトである．

定理 B.2. Ω を C^1-級の $\boldsymbol{R}^n$ の有界領域とする．m, r を正数で，j を，

$$m>j+\frac{n}{r}$$

を満たす非負の整数とする．このとき，

$$W^{m,r}(\Omega)\subset C^j(\bar{\Omega}).$$

埋蔵作用素はコンパクトである．

§C. 第2章 (9.8) 式の証明

補題を用意する．

補題 C.1. g を $\boldsymbol{R}^m$ に値をもつ $m+1$ 変数 $(x_0, \cdots, x_m)$ の C^∞-ベクトル値関数とする．D_i を列ベクトル $g_{x_0}, \cdots, g_{x_{i-1}}, g_{x_{i+1}}, \cdots, g_{x_m}$ からなる行列の行列式：

$$D_i=\det[g_{x_0}, \cdots, g_{x_{i-1}}, g_{x_{i+1}}, \cdots, g_{x_m}]$$

とする．このとき，

$$\sum_{i=0}^{m}(-1)^i\frac{\partial}{\partial x_i}D_i=0. \tag{C.1}$$

証明 行列式の微分より，

$$\begin{aligned}(-1)^i\frac{\partial}{\partial x_i}D_i&=\sum_{\substack{j=0\\ j\neq i}}^{m}(-1)^i\det[g_{x_0}, \cdots, g_{x_jx_i}, \cdots, g_{x_{i-1}}, g_{x_{i+1}}, \cdots, g_{x_m}]\\ &=\sum_{0\leqq j<i}^{m}(-1)^{i+j}\det[g_{x_jx_i}, g_{x_0}, \cdots, g_{x_{j-1}}, g_{x_{j+1}}, \cdots, g_{x_{i-1}}, g_{x_{i+1}}, \cdots, g_{x_m}] \qquad \text{(C.2)}\\ &\quad+\sum_{i<j\leqq m}^{m}(-1)^{i+j+1}\det[g_{x_jx_i}, g_{x_0}, \cdots, g_{x_{i-1}}, g_{x_{i+1}}, \cdots, g_{x_{j-1}}, g_{x_{j+1}}, \cdots, g_{x_m}].\end{aligned}$$

$0\leqq j\leqq k\leq m$ を固定する．(C.2) において

$$\det[g_{x_j x_k}, g_{x_0}, \cdots, g_{x_{j-1}}, g_{x_{j+1}}, \cdots, g_{x_{k-1}}, g_{x_{k+1}}, \cdots, g_{x_m}] \tag{C.3}$$

の項に注目する．(C.3) がでてくるのは2項ある．ひとつは $(-1)^j\dfrac{\partial}{\partial x_j}D_j$ からであり，その係数は (C.2) より $(-1)^{j+k+1}$．ほかのひとつは $(-1)^k\dfrac{\partial}{\partial x_k}D_k$ からであり，その係数は (C.2) より $(-1)^{j+k}$．よって，符号が逆であるから，結局 (C.2) には (C.3) の型の項はでてこない．(C.2) のすべての項は (C.3) の型の項を含むから，結局 (C.1) を得る．□

定理の証明中の t, x_j, φ に対して $x_0=t$, $x_j=x_j$ $(j=1,2,\cdots,m)$, $g=\varphi$ とおいて補題を適用すると，

$$\frac{\partial}{\partial t}D_0(t,x)=-\sum_{j=1}^{m}(-1)^j\frac{\partial}{\partial x_j}D_j(t,x)dx$$

であるから，

$$\begin{aligned}\frac{d}{dt}I(t)&=\int_B\frac{\partial}{\partial t}D_0(t,x)dx\\&=-\sum_{j=1}^{m}(-1)^j\int_B\frac{\partial}{\partial x_j}D_j(t,x)dx\\&=-\sum_{j=1}^{m}(-1)^j\int_{|x|=1}D_j(t,x)x_jdx.\end{aligned}\tag{C.4}$$

他方，$|x|=1$ のとき $\partial/\partial t\ \{\varphi(t,x)\}=0$ であるから，

$$\begin{aligned}D_j(t,x)&=\det[\varphi_t(t,x),\cdots,\varphi_{x_{j-1}}(t,x),\varphi_{x_{j+1}}(t,x),\cdots,\varphi_{x_m}(t,x)]\\&=0.\end{aligned}$$

故に，(C.4) の右辺，したがって $dI(t)/dt=0$ を得る．□

§D.　$\Delta u+\lambda f(u)=0$ の非自明解の不存在

境界値問題

$$\begin{cases}\Delta u+\lambda f(u)=0 & (x\in D)\\ \quad u=0 & (x\in S)\end{cases}\tag{D.1}$$

を考える．ここで，D はなめらかな境界 S をもつ R^n の領域である．

$$F(u)=\int_0^u f(s)ds$$

とおく．次の仮定をしよう．

仮定 1.　f は D の閉包 $\bar{D}$ 上ヘルダー連続であって，$f(0)=0$ かつ

$$\lambda\left[\frac{n-2}{2n}uf(u)-F(u)\right]>0 \qquad (u\neq 0).\tag{D.2}$$

仮定 2.　D はある点(たとえば0)に関して星型，すなわち，

$$\langle x\cdot\nu\rangle>0 \qquad (x\in S)$$

(ν は S 上の点 x における外法線単位ベクトル．$\langle x\cdot\nu\rangle$ は x と ν との内積)．

定理 D.1.　上の仮定の下で，(D.1) の非自明解は存在しない．

証明　証明は，(D.1) の解 u に対して成立する次の恒等式にもとづく．

(D.3)
$$\lambda n\int_D F(u)dx+\frac{2-n}{2}\lambda\int_D f(u)udx=\frac{1}{2}\int_S u_\nu^2\langle x\cdot\nu\rangle dS$$

ここで，u_ν は法線 ν 方向への微分である．(D.3) が示されれば，定理の証明は直ちにできる．(D.3) を示す．ガウスの公式より，ベクトル関数 $P(x)=(P_1(x),\cdots,P_n(x))$ に対して

(D.4)
$$\sum_{j=1}^n\int_D\frac{\partial}{\partial x_j}P_j dx=\int_S\langle P\cdot\nu\rangle dS.$$

この公式に，

$$P_j=P_j(x)=\sum_{i=1}^n x_i\frac{\partial u}{\partial x_i}\frac{\partial u}{\partial x_j}\qquad(j=1,2,\cdots,n)$$

とおく．u は S 上ゼロであるから，

$$\frac{\partial u}{\partial x_i}=\nu_i u_\nu$$

となる．故に，$x\in S$ に対して

$$\langle P\cdot\nu\rangle=\sum_{i=1}^n x_i\frac{\partial u}{\partial x_i}u_\nu=\langle x\cdot\nu\rangle u_\nu^2.$$

これより，

$$\text{(D.4) の右辺}=\int_S u_\nu^2\langle x\cdot\nu\rangle dS.$$

他方，

$$\sum_{j=1}^n\frac{\partial}{\partial x_j}P_j=\sum_{j=1}^n\left(\frac{\partial u}{\partial x_j}\right)^2+\frac{1}{2}\sum_{i=1}^n x_i\frac{\partial}{\partial x_i}\left(\sum_{j=1}^n\left(\frac{\partial u}{\partial x_j}\right)^2\right)+\sum_{i=1}^n x_i\frac{\partial u}{\partial x_i}\frac{\partial^2 u}{\partial x_j^2}$$

であるから，u が (D.1) の解であることを利用すると，

$$\sum_{j=1}^n\int_D\frac{\partial}{\partial x_j}P_j dx=\frac{2-n}{2}\lambda\int_D f(u)udx+\lambda n\int_D F(u)dx+\frac{1}{2}\int_S u_\nu^2\langle x\cdot\nu\rangle dS$$
$$=\text{(D.4) の右辺}.$$

以上より，(D.3) は成立する．これと (D.2) より非自明解は存在しない．　□

さて，本文で述べた境界値問題

(D.5)
$$\begin{cases}\Delta u+\lambda|u|^\sigma=0 & (D\text{ の中})\\ u=0 & (S\text{ 上})\end{cases}$$

の解 u を考えてみる．ただし，$\sigma\geqq(n+2)/(n-2)$，$n>2$．(D.5) の非自明解 u があったとしよう．$u=kv(x)$ とおく．ここで，$k=|\lambda|^{-1/(\sigma-1)}\mathrm{sign}\,\lambda(\lambda\neq 0)$．この v は，

$$\begin{cases}\Delta v+|v|^\sigma=0 & (D\text{ の中})\\ v=0 & (S\text{ 上})\end{cases}$$

を満たす．最大値の原理より，$v(x)\geqq 0$．故に v は，方程式：$\Delta v+v^\sigma=0$ (D の中)，を

満たす．他方，

$$\int_D v^\sigma dx = -\int_D \Delta v dx = -\int_S v_\nu dS$$

であるから，仮定 $v \neq 0$ より，

$$\int_S {v_\nu}^2 dS \neq 0.$$

よって，恒等式 (D.3) を $\lambda=1$，$f(v)=v^\sigma$ に対して適用すれば矛盾をする．　□

問 題 の 解 答

問題 1

1. $f(u+v)-f(u)=2\int_0^1 u'(t)v'(t)dt$ より，$\nabla f(v)=2\int_0^1 u'(t)v'(t)dt.$

2.
$$f''(\xi,\eta)=\sum_{j,k=1}^{n}\frac{\partial^2 f(x)}{\partial x_j\partial x_k}\xi_j\eta_k \qquad (\xi,\eta\in \boldsymbol{R}^n).$$

3. f は任意の球：$S_r=\{x;\|x\|\leqq r\}$ を有界集合に写すことを示せばよい．ε を任意の正数とする．f の一様連続性より，$\|x-y\|<\delta$ となる $x,y\in S_r$ に対して，
$$\|f(x)-f(y)\|<\varepsilon$$
となる $\delta>0$ が存在する．n を $n\delta>2r$ ととる．$a,b\in S_r$ に対して，$\|x_i-x_{i-1}\|<\delta$, $x_0=a$, $x_{n-1}=b$ となる n 個の点 $x_i\in S_r$ が存在する．よって，
$$\|f(a)-f(b)\|\leqq\sum_{i=1}^{n-1}\|f(x_i)-f(x_{i-1})\|<(n-1)\varepsilon.$$
n は a,b によらないから，有界性が示される．

4. $\|f(x_n)\|\to\infty$ となる有界列 $\{x_n\}$ が存在すると仮定する．X は反射的より，$\{x_n\}$ から，弱収束する部分列 $\{x_{n_j}\}$ が存在する．仮定より，$f(x_{n_j})$ は弱収束．よって，$\|f(x_{n_j})\|$ は有界，これは矛盾．

5. 本文で述べた $1<p\leqq 2$ の場合と同様にして示される．

6. $a<0<b$ の場合：$h(\lambda)=|1+\lambda^{p-1}|^{1/(p-1)}/(1+\lambda)$ とおく．$h'(\lambda)=0(\lambda>0)\Longleftrightarrow\lambda=1.$ よって，(5.4) の左辺$=\sup_{\lambda>0}h(\lambda)^{p-1}=2^{2-p}$. その他の場合も同様．

問題 2

1. $T(x,y)=(x,y)$ ならば $y=0$, $-(x+y)^3=0$ より，$x=y=0$. $T^2(x,y)=(x+2y-(x+y)^3,\ y-(x+y)^3-(x+2y-(x+y)^3)^3)=(x,y)$ よりでる．

2. T^k は縮小写像であるから，$T^k y=y$ となる y が唯一つ存在する．一方，$T(T^k y)=T^k(Ty)=Ty$ だから Ty も不動点である．よって $Ty=y$ である．

3. $\boldsymbol{R}^n$ にノルムとして $|x|=|x_1|+\cdots+|x_n|$ を入れる．

$$\sum^{+}=\{x\in \boldsymbol{R}^n;\ |x|=1,\ x_j\geqq 0(\forall j)\}$$

とおく，$\tilde{A}x=Ax/|Ax|$ と $\tilde{A}$ を定めると，$\tilde{A}$ は $\sum^+$ から $\sum^+$ への連続写像である．$\sum^+$ は有界，閉，凸集合である．よって，ブラウアーの不動点定理より，$\tilde{A}x=x$ となる $x\in\sum^+$ が存在する．すなわち，$Ax=|Ax|x$．$|Ax|$ が固有値．

4.　$C=\{u\in L^1(D);\ u(x)\geqq 0(a.e.),\ \int_D u(x)dx=1\}$ とおくと，$L^1(D)$ の中，C は有界，閉凸集合である．

$$\tilde{T}u=Tu/\|Tu\|_{L^1}$$

と $\tilde{T}$ を定めると，$\tilde{T}$ は C から C への連続なコンパクト写像である．よって，シャウダーの不動点定理より，$\tilde{T}$ は C の中に不動点 u をもつ：$Tu=\|Tu\|_{L^1}u$．固有値は $\|Tu\|_{L^1}$ である．

5.　命題 16.1 より，$H^2(D)\cap H_0^1(D)$を定義域にもつ Δ はそこから $L^2(D)$ への 1 対 1，上への連続作用素．よって $\Delta^{-1}(\equiv L)$ についても正しい．

問題 3

1.　$\deg(f,(-1/2,1/2),\Omega)=-1$; $\deg(f,(1,1/2),\Omega)=1$.

2.　$\deg(f,C,\sum_\varepsilon)=1$ (det $A>0$ の場合);　　$=-1$(det $A<0$ の場合).

3.　写像 $\tilde{f}:S^n\to\boldsymbol{R}^{n+1}$ を考える．

$$\tilde{f}(x)=(f_1(x)-f_1(-x),\cdots,f_n(x)-f_n(-x),0).$$

各 $x\in S^n$ に対し，$f_i(x)\neq f_i(-x)$ がある i に対して成り立つとすれば，$\deg(\tilde{f},0,\sum)$ が定義できる．ここで，$\sum=\{x\in\boldsymbol{R}^n;\ |x|\leqq 1\}$．$\tilde{f}$ は奇関数であるから，$\deg(\tilde{f},0,\sum)$ は奇数．特にゼロではない．次に，写像 $\tilde{g}(x)=(0,0,\cdots,1)$ と S^n から $\boldsymbol{R}^{n+1}$ への写像を定めると，$\deg(\tilde{g},0,\sum)=0$．ホモトピー $h(x,t)=t\tilde{g}(x)+(1-t)\tilde{f}$ とおくと，$h(x,t)\neq 0(x\in S^n;\ 0\leqq t\leqq 1)$．故に，

$$\deg(\tilde{f},0,\textstyle\sum)=\deg(h(\cdot,t),0,\sum)=\deg(\tilde{g},0,\sum)=0.$$

矛盾である．

4.　写像 $d:S^{n-1}\to\boldsymbol{R}^{n-1}$ を

$$d(x)=(d_1(x),d_2(x),\cdots,d_{n-1}(x))$$

と定める($d_i(x)$ は x から A_i までの距離)．ボルスク・ウラムの定理より，$d(x_0)=d(-x_0)$ となる $x_0\in S^{n-1}$ が存在．$x_0\in S^{n-1}=\bigcup_{i=1}^{n-1}A_i$ であるから，$x_0\in A_i$ となる i が存在する．よって，$d_i(x_0)=d_i(-x_0)=0$．すなわち，$-x_0\in A_i$.

5.　$f(x)=x$ となる x が，$\|x\|=R$ 上にあれば証明は終わる．ないと仮定する．このとき，$h(x,t)=x-tf(x)$ とおくと，$h(x,t)\neq 0$ $(0\leqq t\leqq 1,\ \|x\|=R)$．実際，もしある x $(\|x\|=R)$ と $t(0\leqq t\leqq 1)$ に対して，$h(x,t)=0$ ならば，$0=(h(x,t),x)=\|x\|^2-t(f(x),x)$．仮定より $t=1$．矛盾である．

6.　領域の分解定理より，$\deg(f,0,B(x_0,\varepsilon))=\deg(f,0,B(x_0,\varepsilon'))+\deg(f,0,B(x_0,\varepsilon)-B(x_0,\varepsilon'))$．この右辺第 2 項$=0$ (∵解は非存在)．

7.　証明は黒田 [2]，定理 11.29 と同様，福原 [9]，定理 11 をみよ．

問題 4

1. 十分小さい t に対し，解をもつことは明らか．本文と同様に，$dF(x(t))/dt=-\|x'(t)\|^2$．よって，$F(x(t))$ は減少．また，

$$\frac{d^2}{dt^2}F(x(t))=2(F''(x(t))x'(t),x'(t))\geqq 2A\|x'(t)\|^2=-2A\frac{d}{dt}F(x(t)).$$

この微分不等式を解くと，$\|x'(t)\|\leqq\|f(x_0)\|e^{-At}$．積分すれば，$\|x(t)-x_0\|\leqq\|f(x_0)\|/A\leqq r$．これより，解 $x(t)$ は $\forall t\geqq 0$ に対し存在し，$x(t)\in B(x_0,r)$．

2.
$$\|x(t_1)-x(t)\|\leqq\int_t^{t_1}\|x'(s)\|ds\leqq\int_t^{t_1}\|f(x_0)\|e^{-As}ds\leqq re^{-At}.$$

よって，$t_n\to\infty$ なる任意の列 $\{t_n\}$ に対して，$\{x(t_n)\}$ はコーシー列．よって，$x_\infty=\lim_{t_n\to\infty}x(t_n)$ は存在，この x_∞ がただひとつであることは，次のことからわかる．(#) において，$t_1=t_n$ とおき，$t_n\to\infty$ とすれば，

$$\|x_\infty-x(t)\|\leqq re^{-At}.$$

3. $\|x'(t)\|\leqq\|f(x_0)\|e^{-At}$ であるから，$\|f(x(t))\|\leqq\|f(x_0)\|e^{-At}$．ここで，$t\to\infty$ とすれば，$\|f(x_\infty)\|=0$．すなわち，$f(x_\infty)=0$．一意性：x_1,x_2 を $f(x)=0$ のふたつの解とすると，

$$0=(f(x_1)-f(x_2),x_1-x_2)=\int_0^1(f'(x_2+\lambda(x_1-x_2))(x_1-x_2),x_1-x_2)d\lambda$$
$$\geqq A\|x_1-x_2\|^2.$$

$x_1=x_2$ でなければならない．

4. $x\in B(x_0,r)$ に対して，

$$\begin{aligned}F(x)-F(x_\infty)&=\int_0^1(f(x_\infty+\lambda(x-x_\infty)),x-x_\infty)d\lambda\\&=\int_0^1(f(x_\infty+\lambda(x-x_\infty))-f(x_\infty),x-x_\infty)d\lambda\\&\geqq\int_0^1\int_0^1\lambda(f'(x_\infty+\mu\lambda(x-x_\infty)(x-x_\infty),x-x_\infty)d\mu d\lambda\\&\geqq\frac{1}{2}A\|x-x_\infty\|^2.\end{aligned}$$

よって，$x=x_\infty$ が $B(x_0,r)$ での最小値を与える唯一の点である．

5*. (34.6) を頂点を (t,x)，$(t-x+\pi,\pi)$，$(t+x-\pi,\pi)$ にもつ三角形上で積分すると，

$$u(x,t)=-\frac{1}{2}\int_{t+x-\pi}^{t-x+\pi}u_x(\tau,\pi)d\tau-\frac{1}{2}\int_x^\pi\int_{t+x-\xi}^{t-x+\xi}g(\tau,\xi)d\tau d\xi.$$

$u(t,0)=0$ と u_x の周期性を用いれば，

$$\int_0^\pi[g(t+\xi,\xi)-g(t-\xi,\xi)]d\xi=0.$$

これより (34.9) を得る．

問題 5

1. $I-\mu_0T$ が可逆であるとすれば，

$$x=(I-\mu_0T)^{-1}\ [\lambda Tx-g(x,\lambda)].$$

よって，

$$\|x\| \leqq |\lambda| \|(I-\mu_0 T)^{-1}\| \|T\| \|x\| + \|(I-\mu_0 T)^{-1}\|_0(\|x\|).$$

十分小さいλと十分小さいxに対してこれが成立するのは，$x=0$ の場合にかぎる．

2. 定義より，明らか．

3.
$$\deg(f(\cdot,\lambda_1),0,B(0,\varepsilon))=(-1)^{\beta(\lambda_1)}$$
$$\deg(f(\cdot,\lambda_2),0,B(0,\varepsilon))=(-1)^{\beta(\lambda_2)}$$

となる．μ_0^{-1} の多重度は奇数より，$\beta(\lambda_2)-\beta(\lambda_1)=$奇数．よって，

$$\deg(f(\cdot,\lambda_1),0,B(0,\varepsilon))=-\deg(f(\cdot,\lambda_2),0,B(0,\varepsilon)).$$

これは，$\deg(f(\cdot,\lambda),0,B(0,\varepsilon))$ がλによらぬことに反する．

4.
$$\begin{bmatrix} x_1 \\ x_2 \end{bmatrix} - [\mu_0+\lambda]\begin{bmatrix} x_1 \\ x_2 \end{bmatrix} + \begin{bmatrix} -x_2{}^3 \\ x_1{}^3 \end{bmatrix} = 0$$

となるが，第1式に x_2，第2式に x_1 をかけひくと，$x_2{}^4+x_1{}^4=0$．よって $(0,0)$ は分岐点でない．この場合 $\mathrm{Ker}(I-T)=\boldsymbol{R}^2$．$\mu_0=1$ の多重度は2．

5.
$$f_u(0,\lambda)u=\Delta u-\lambda g'(0)u=0 \qquad (D\ \text{の中}).$$

$\mathrm{Ker}\ f_u(0,\lambda_0)$ は1次元より，あるϕで張られる．$f_u(0,\lambda_0)$ は自己共役より，$f_u(0,\lambda_0)$ の値域 $R(f_u(0,\lambda_0))$ は ϕ に (L_2) 直交する元の全体である．

$$(f_{u\lambda}(0,\lambda_0)\phi,\phi)_{L^2}=-(g'(0))\phi,\phi)\neq 0$$

であるから，$f_{u\lambda}(0,\lambda_0)\phi\notin R(f_u(0,\lambda_0))$．これより，本文の定理を適用すればよい．

問題 6

1. μを測度とし，

$$B(x,t)=\frac{1}{2}\int e^{-yx+y^2t}d\mu(y)$$

と定める．本文と同様の方法で，

$$u=-2\{\log(1+B)_x\}_x$$

が解である．μとして，$y=\xi$ に質量をもつデルタ関数をとれば求める解を得る．

2. 定理 45.1 と同様にして示される．

3. 恒等式
$$\lambda_t\phi^2+[\phi Q_x-\phi_x Q]_x=0$$

が成立する．ただし，$Q=\phi_t+\phi_{xxx}-3(u+\lambda)\phi_x$．上式を$x$について積分すれば

$$\lambda_t\int\phi^2dx=0.$$

すなわち，$\lambda(t)$ は t によらぬことがわかる．

4. 方程式をベクトル形式でかく：

$$\frac{\partial}{\partial t}\begin{bmatrix} u \\ v \end{bmatrix}=\begin{bmatrix} 0 & (I-\Delta)^{1/2} \\ -(I-\Delta)^{1/2} & 0 \end{bmatrix}\begin{bmatrix} u \\ v \end{bmatrix}-\begin{bmatrix} 0 \\ (I-\Delta)^{-1/2}(u^p-u) \end{bmatrix}.$$

定理 44.1 の V,H,A として，

$$V=H^3(R^3)\times H^3(R^1);\quad H=H^2(R^3)\times H^2(R^1),$$
$$A\begin{bmatrix} u \\ v \end{bmatrix}=-\begin{bmatrix} 0 & (I-\Delta)^{1/2} \\ -(I-\Delta)^{1/2} & 0 \end{bmatrix}\begin{bmatrix} u \\ v \end{bmatrix}+\begin{bmatrix} 0 \\ (I-\Delta)^{-1/2}(u^p-u) \end{bmatrix}$$

ととる．ソボレフのの埋蔵定理：$H^2(R^3)\subset C(R^3)$ より定理 44.1 の仮定が確かめられる．

参　考　書

以下，参考書のいくつかを列記する．

A)　本書で，関数解析の基礎的事柄，ソボレフ空間，偏微分方程式の基礎的な性質を利用した．これについて，下記の本を参照して頂きたい．

［1］　高村多賀子：関数解析入門(基礎数学シリーズ)，朝倉書店，1984.

［2］　黒田成俊：関数解析，裳華房，1980.

［3］　伊藤清三・黒田成俊・藤田　宏：関数解析Ⅰ,Ⅱ,Ⅲ（岩波講座基礎数学)，岩波書店，1978.

［4］　田辺広城：関数解析上,下，実教出版，1980.

［5］　Yosida, K.：Functional Analysis, Springer, 1965.

［6］　溝畑　茂：偏微分方程式論，岩波書店，1965.

［7］　ベ．エス．ウラジミロフ，飯野理一他訳：応用偏微分方程式，総合図書，1971.

［8］　島倉紀夫：楕円型偏微分作用素，紀伊國屋書店，1978.

［9］　福原満洲雄：積分方程式(基礎数学講座)，共立出版，1957.

B)　非線型関数解析を進んで研究するには，

［10］　Schwartz, J.T.：Nonlinear Functional Analysis, Gordon-Breach, 1969.

［11］　Nirenberg, L.：Topics in Nonlinear Functional Analysis (New York 大学講義録)，1973-74.

［12］　Berger, M.S.：Nonlinearity and Functional Analysis, Academic Press, 1977.

本書では触れなかった非線型半群については，

［13］　宮寺　功：非線型半群(紀伊國屋数学叢書)，紀伊國屋書店，1977.

写像度については，南雲道夫氏の名著

［14］　南雲道夫：写像度と存在定理，生産技術センター，1975.

C)　非線型常微分方程式については，

[15]　古屋　茂：非線型問題(現代数学講座)，共立出版，1957.
[16]　戸田盛和・渡辺悦介：非線型力学(共立物理学講座)，共立出版，1984.

D)　非線型偏微分方程式については，

[17]　山口昌哉：非線型現象の数学(基礎数学シリーズ)，朝倉書店，1972.
[18]　亀高惟倫：非線型偏微分方程式(数理解析とその周辺)，産業図書，1977.
[19]　増田久弥：非線型楕円型偏微分方程式(岩波講座基礎数学)，岩波書店，1977.
[20]　エイムズ，W.F.，小西芳雄・三村昌泰訳：工学における非線型偏微分方程式Ⅰ(上，下)，Ⅱ，(数理科学とその周辺)，産業図書，1978, 1983.
[21]　Trudinger, D. Gilbarg-N. S.：Elliptic Partial Differential Equations of Second Order (2nd edition), Springer, 1983.

E)　特殊な話題としては，

[22]　西原功修・谷内俊弥：非線形波動(応用数学叢書)，岩波書店，1977.
[23]　戸田盛和：非線型格子力学(応用数学叢書)，岩波書店，1978.
[24]　Osserman, R.：A Survey of Minimal Surface, von Nostrand, 1969.
[25]　小畠守生・大森英樹・落合卓四郎(編)：Reports on global analysis Ⅰ～Ⅶ巻，セミナー刊行会.

F)　本書で頻繁に用いた基礎知識については，

[26]　伊藤雄二：微分積分学(新数学講座)，朝倉書店，1984.
[27]　加藤十吉：集合と位相(新数学講座)，朝倉書店，1982.
[28]　服部　昭：線型代数学(新数学講座)，朝倉書店，1982.
[29]　高木貞治：解析概論(改訂第三版)，岩波書店，1961.
[30]　木村俊房：常微分方程式，共立出版，1974.
[31]　草野　尚：境界値問題入門(基礎数学シリーズ)，朝倉書店，1971.

索　　引

あ　行

か　行

さ　行

た 行

な 行

は 行

ま 行

ら 行

著者略歴

増田久弥（ますだきゅうや）

1937年　神奈川県に生まれる
1962年　東京大学理学部数学科卒業
1983年　東北大学理学部教授
1987年　東京大学理学部教授
1991年　立教大学理学部教授
1999年　明治大学理工学部教授
2018年　逝去
　　　　東京大学名誉教授
　　　　東北大学名誉教授
　　　　理学博士

主　著　『発展方程式（紀伊國屋数学叢書6）』（紀伊國屋書店，1975）
　　　　『非線型楕円型方程式（岩波講座基礎数学）』（岩波書店，1977）
　　　　『関数解析（数学シリーズ）』（裳華房，1994）

朝倉復刊セレクション
非線型数学
新数学講座 15　　　定価はカバーに表示

1985年2月5日　初版第1刷
2018年6月25日　第10刷
2020年7月25日　復刊第1刷
2021年5月25日　第3刷

著者　増田久弥
発行者　朝倉誠造
発行所　株式会社　朝倉書店
東京都新宿区新小川町6－29
郵便番号　162－8707
電話　03(3260)0141
FAX　03(3260)0180

新日本印刷・渡辺製本

ISBN 978-4-254-11846-9 C3341　Printed in Japan